AF829743

Geschichte der jüdischen Philosophie des Mittelalters

nach Problemen

dargestellt

von

Dr. David Neumark

Professor am Hebrew Union College in Cincinnati, Ohio.

Anhang zum **ersten** Bande, Kapitel:

Materie und Form bei Aristoteles.

BERLIN

Verlag von Georg Reimer

1913.

Vorwort.

Zur Vorgeschichte der gegenwärtigen Schrift: Der erste Band meiner Schrift: Geschichte der jüdischen Philosophie des Mittelalters erschien gegen Ende des Jahres 1907. Im Jewish Exponent, Philadelphia, vom 8. Mai 1908 erschien eine Rezension von Isaac Husik, in der er mein Buch mit begeisterten Worten lobte, zugleich aber behauptete, dass er gegen das Kapitel „Materie und Form bei Aristoteles" schwere Bedenken hat, von denen er einige sofort vorbrachte. Diese Nummer des Exponent ist mir einige Male (offenbar von H. selbst, oder doch auf dessen Veranlassung) zugesandt worden. Ich verstand das als eine nachdrückliche Aufforderung, auf die Rezension zu antworten. H. hat offenbar Komplimente erwartet. Ich war aber nicht einmal in der Lage, dem Manne zu antworten Seine Rezension verdiente keine Antwort. Besonders erschien er mir als Partner zur Diskussion philosophischer und philologischer Fragen durch zwei Punkte disqualifiziert: 1. die Behauptung, dass er das Wort μεταξύ, das von Arist. nicht nur sonst, sondern auch in der kurzen Partie unter Behandlung nicht weniger als achtmal in der von mir verwandten technischen Bedeutung gebraucht wird, nirgends gefunden hat (s. Nr. 8); 2. er teilte den Lesern des Jewish Exponent mit grosser Emphase mit, dass πρός nicht „bei", sondern „zu" bedeutet. Diese Parade mit seiner Kindergarten-Philologie beruhte aber darauf, dass H. nicht in der Lage war, zu sehen, welche Stellen des Arist. ich exzerpiere (s. Nr. 18). Diese Unglaublichkeiten und andere Minderwertigkeiten dieser „Rezension" liessen es mir ratsam erscheinen, den Mann vollständig zu ignorieren, was ich im Falle des Jewish Exponent, das kein Fachblatt ist, leicht tun konnte. Ich unterliess es auch, den Empfang der mir zugesandten Exemplare der betreffenden Nummer zu bestätigen. Dann veröffentlichte H. eine zweite, kürzere Rezension in The Philosophical Review ed. Cornell University, New York, Vol. XVII Nr. 5, September 1908, p. 554—556, in der er sich ebenfalls sehr lobend über mein Buch ausspricht und zugleich andeutet, dass er gegen die Aristoteles-Interpretation manches vorzubringen und im Jewish Exponent vorgebracht hat. Da er aber hier nichts vorbrachte, lag für mich kein Grund vor, mein Verhalten gegen die Bemühungen H.'s zu ändern. Um diese Zeit hielt H. über mein Buch auch eine Vorlesung vor der historischen Sektion des Dritten internationalen Kongresses für Philosophie, Heidelberg, September 1908 (s. Bericht über den III. Internationalen Kongress für Philosophie, Heidelberg, 1909 pp. 227—232). Auch das liess ich unbeachtet: Die Massenvorträge des Kongresses erheischen keine ernste Aufmerksamkeit, zumal in unserem Falle, wo es offenbar an der nötigen Prüfung der zugelassenen Vorlesung gefehlt hat. Auch ist der vorgelesene Teil in der Hauptsache blos eine, wenn auch mangelhafte und unbeholfene Inhaltsangabe des Aristoteles -Kapitels in meinem Buche. Das aber benutzte H. als Sprungbrett, von wo aus es ihm durch unermüdliche, entschlossene Zudringlichkeit gelang, in das „Archiv für Geschichte der Philosophie“ zu gelangen, wo er, Bd. XXIII, Heft 4, 1910, eine „Kritik“ des Aristoteles-Kapitels zum Abdruck gebracht. In dieser „Kritik“ fehlt nicht nur jede wohlwollende Aeusserung und ist nicht nur der schuldige Respekt verweigert, sondern es herrscht da ein ausgesprochenes Uebelwollen, ein vulgär-höhnischer Ton, eine studierte Verletzung aller literarisch üblichen Form. Ueber die Veränderungen in der Umgebung H.'s, die (nebst der Enttäuschung über den Ausbleib der erwarteten Beachtung meinerseits) diese veränderte Haltung offenbar herbeigeführt haben, soll hier nicht gesprochen werden. Von dieser „Kritik“ schickte H. einige Exemplare an Persönlichkeiten in Cincinnati, zu denen ich in einem offiziellen Verhältnis stehe, und zu denen er in gar keinem, wie immer gearteten Verhältnis steht. Das tat ein Mann, von dessen Existenz ich vorher nichts wusste und den niemals auch nur gesehen zu haben ich noch heute das Vergnügen habe, ein Mann, zu dem ich um jene Zeit in noch keiner anderen, als der negativen Beziehung stand, dass ich seine minderwertige „philosophische“ Schriftstellerei nicht der Beachtung für wert hielt. Die Tatsache jedoch, dass es ihm gelungen ist, seine Minderwertigkeiten im Archiv zu veröffentlichen, zwang mich, aus meiner durch Jahre beobachteten Reserve herauszutreten und zu dem angenehmen, erquicklichen Manne in die einzige unter den Umständen mögliche Beziehung zu treten: In einer Erwiderung im Archiv Bd. XXIV, HH. 3 u. 4 habe ich nachgewiesen, dass H.'s „Kritik“ die Leistung von Unwissenheit, Konfusion und Hinterhältigkeit ist, dass er von der Philosophie im allgemeinen und von Arist. im besonderen ebensowenig versteht, wie von der griechischen Sprache, und dass er ausschliesslich mit jenen Aristoteles-Stellen wild herumwirft, die er aus meinem Buche „geschöpft" hat. Darauf antwortete H. in einer Pseudoerwiderung, die als Beilage zu Heft 3 des Archivs Bd. XXV 1912, erschienen ist: Er spielt jetzt den „angegriffenen", und nach der literarischen Gepflogenheit, die von den „Literaten" von der Sorte H.'s schon oft missbraucht worden ist, musste das Archiv dieser Arbeit die lose Verbindung des Beihefts gönnen. Dass diese „Erwiderung" nichts erwidert, dass sie H. nicht nur nicht „verteidigt", sondern ihn noch mehr blosstellt als die „Kritik", wird der Leser in der gegenwärtigen Schrift finden, die die „Erwiderung" H.'s analysiert und zurückweist. Ich habe von der entgegenkommenden Bereitwilligkeit des Herausgebers des Archivs, gegenwärtige Schrift als Beiheft des Archivs herauszugeben, keinen Gebrauch gemacht, aus zwei Gründen. Der erste Grund braucht, als wissenschaftlich und literarisch belanglos, hier nicht erwähnt zu werden. Der zweite betrifft die (neben der erwähnten hier besonders verfolgten) wissenschaftliche Aufgabe und Leistung dieser Schrift. Diese ist solcher Natur, dass deren Bearbeitung in einer besonderen Schrift, als Anhang zum ersten Bande, nicht nur gerechtfertigt, sondern auch geboten erscheint.

Die wissenschaftliche Aufgabe dieser Schrift: Es war für H. ein leichtes, an Stellen, wo ich meine Abweichung von den Interpretoren ausdrücklich betone, die Interpreten gegen mich zu zitieren. Diese Gelegenheit benutze ich nun dazu, meine Interpretation des Aristoteles (nicht gegen H., der in den meisten Fällen überhaupt nicht weiss, worum es sich handelt, und in den wenigen, wo er es weiss, es, teils absichtlich, teils aus Konfusion, fälschlich darstellt, sondern) gegen die Interpreten zu verteidigen. Meine Interpretation des Aristoteles erhält in dieser Schrift eine, wenn auch kaum sachlich tiefere, doch mehr in die Text-Details gehende Begründung, als dies in meinem Buche beabsichtigt war. Das geschieht besonders in den letzten Paragraphen dieser Schrift (30—42, also in jenen, die H., in seiner Unwissenheit, in seiner „Kritik" vom rein „philologischen" Standpunkt „behandelte").

Diese Schrift bildet somit nunmehr einen integrirenden Bestandteil der Geschichte der jüdischen Philosophie.

David Neumark.

Frankfort, Michigan, 23. August, 1912.

When thou comest
into thy neighbour's vineyard
then thou mayest eat grapes thy fill,
at thy own pleasure,
but thou shalt not put any in thy vessel!
(Deuteronomy 23, 24)

Einleitung.

Ich bin leider gezwungen, mich nochmals mit dem Herrn Husik zu beschäftigen. Ich konnte ihn einige Jahre ignorieren und es ihm gönnen, auf Grund meiner Arbeit unverdiente Beziehungen zur Philosophie und zu philosophischen Fragen zu unterhalten, ich kann es ihm aber nicht erlauben, das grosse Wort zu führen, wie er es in der Beilage zu Heft 3 des Archivs für Geschichte der Philosophie, Bd. XXV tut, ohne ihm die verdiente Zurückweisung zuteil werden zu lassen: „Damit der Sünder nicht gewinnt."

Er klagt (S. 3 und sonst), dass ich gegen ihn vulgäre Ausdrücke gebraucht habe. Das weise ich als eine Unwahrheit zurück. Was ich sage, ist in keinem Falle persönlich, was ich behaupte, ist, dass H. zur Kritik m. Buches nicht berufen ist. Das ist nicht vulgär, das ist die Erfüllung einer sehr unangenehmen Pflicht. — Wer sonst sollte die Anmassung zurückweisen und die Unwissenheit des anmassenden Angreifers blosstellen? Sollte ich absichtliche Verdrehung, hinterhältige Zumutungen, krasse Unwissenheit, wahnsinnige Anmassung nicht beim rechten Namen nennen, aus Höflichkeit gegen H., der in abstossendem Undank und in verwilderter Ungeschlachtheit über ein Buch in höhnischem Tone schreibt, von dem er eingestandenermassen viel gelernt hat, und das ihm, so verzweifelt auch er sich der Pflicht der Dankbarkeit entziehen mag, zuerst die Möglichkeit geboten hat, als philosophischer Schriftsteller aufzutreten? Die Zuchtrute fühlt sich immer vulgär an, ist es aber nicht. Ich habe das Manuskript meiner Erwiderung einem berühmten Professor der Philosophie an einer deutschen Universität mit der ausdrücklichen Bitte vorgelegt, allzu scharfe Ausdrücke zu mildern, wenn er solche finden sollte — er hat nichts gemildert. Eine allgemein anerkannte Autorität auf dem Gebiete der Wissenschaft des Judentums, die personifizierte wissenschaftliche Objektivität und Ruhe, bezeichnet meine Erwiderung als eine solche, die „einen Unberufenen mit gerechter Strenge zurückgewiesen.“ Diese Tatsachen bürgen dafür, dass sich in meinen Ausführungen keine vulgären Ausdrücke finden. Dagegen kann ich den Ton und die Sprache, deren sich H. in seiner neuesten Leistung bedient, kaum als vulgär bezeichnen, ohne diesem Worte unrecht zu tun. H.'s Sprache und Ton sind ein wilder Ausbruch ungezähmten Barbarentums.

Die charakteristischen Merkmale der „Erwiderung“ H.'s sind: Unwissenheit, Konfusion und, besonders, Unehrlichkeit. Gezwungen, in Fragen mitzureden, die ihm eine terra incognita sind, verrät er hier noch mehr Unwissenheit, als in seiner „Kritik“, wo er sich mit dem bequemen Orakeln begnügte. Seine Konfusion ist so gross, dass er oft unter der Hand vergisst, was mir und was der Gegeninterpretation gehört, und die wunderlichsten Kombinationen zustande bringt. Die Gewissenlosigkeit, mit der er den Leser zu überrumpeln sucht, ist so offenkundig und unverschämt, dass mir die Beschäftigung mit dieser Leistung H.'s viel widerlicher war, als die mit seiner „Kritik“. Zunächst das Geflunker mit den alten Autoren und den griechischen Zitaten. In meiner Erwiderung (No. 16 und sonst) habe ich nachgewiesen, dass H. dem Leser ein falsches Bild von meinem Verhältnisse zu den Interpreten Arist. beizubringen sucht. Ich wies nach, dass ich alle, den Problemen zu Grunde liegende Schwierigkeiten kannte, ob sie nun von alten oder modernen Interpreten herrühren, während H. wie ein Blindgeborener im Dunkeln herumtastet. Jetzt nun verlegt er sich auf die alten Autoren, besonders auf Alexander, den er beinahe regelmässig im griechischen, ebenso wie Bonitz im lateinischen Texte zitiert. Mir hingegen macht er (Anfang und Schluss, S. 55 und vielfach) den Vorwurf, dass ich zwar drei Uebersetzungen (H. unterstreicht die von mir selbst hervorgehobene Tatsache, dass ich drei Uebersetzungen zitiere und behauptet von sich, dass er nur selten eine Uebersetzung benutzt habe. Sancta simplicitas! Als ob die zeit- und volksgenössischen Schuster Griechenlands Aristoteles verstanden hätten. Eine Uebersetzung Arist. ist fast in allen Fällen zugleich eine Interpretation. Wenn H. die Uebersetzung nur verstanden hätte), Zeller, Schwegler und Kirchman benutzte, die Alten jedoch und Bonitz ganz beiseite liess. Gesetzt nun, das wäre wahr. Ich berufe mich doch nirgends auf die Alten. Ich bin offenbar der Ansicht, dass die von mir benutzten Werke mir alles wissenswerte aus den alten und modernen (soweit ich sie nicht benutzt habe) vermitteln. Mir handelte es sich doch bloss um den Nachweis, dass die Schriften Arist. zu zwei verschiedenen Interpretationen geführt haben, nicht um eine Texterklärung, oder gar um eine Geschichte der Interpretation Aristoteles. Für die jüdische Philosophie kommt nur Alexander besonders in Betracht, und das nur in der Psychologie, inbezug auf welche ich auf ihn auch hinweise (S. 155), und wird er im Buche über Psychologie in die Diskussion gezogen werden. Die jüdischen Philosophen haben wohl auch andere Kommentare gelesen (s. m. B. S. 287—288 in bezug auf Themistius), aber in der Hauptsache kannten sie die neuplatonischen Darstellungen Arist. aus den arabischen Kompendien und Uebersetzungen neuplatonischer Schriften, wie Plotin, die Theologie des Aristoteles, die Encyklopädie der lauteren Brüder. All diese Schriften sind im ersten Bande ausführlich behandelt und eine noch ausführlichere Behandlung für den zweiten Band angekündigt worden (s. Bd. I, S. 144—179, 451 f., 464 f., 523—531 und vielfach: Bd. II. Vorwort und die Kapitel über Plato (3) und die griechisch-jüdische Literatur (4), besonders über Philo, S. 391—473 — das muss H. wissen, aber er ist hinterhältig genug, es zu verschweigen). Von den Kommentatoren im engeren Sinne kommt keiner inbezug auf irgend eine Frage für besondere Behandlung in Betracht. Es ist aber nicht wahr. Ich habe beim Studium des Arist. alte und neue Interpreten benutzt, sie alle zur Diskussion heranzuziehen lag keine Veranlassung vor. Die alten sind von den modernen überholt worden. Mein Lehrer Zeller, der mich in die griechische Philosophie und besonders in die des Arist. (dessen Metaphysik ich unter seiner Anleitung gelesen habe) eingeführt, zitiert in seinem ca. 800 Seiten starken Bande über Arist. (nach dem Namen- und Sachregister, Leipzig 1868), in den uns interessierenden Fragen, Alexander — viermal, Philoponus — gar nicht, Simplicius — einmal, Themistius — gar nicht. H. zitiert in seinem „Werk" um ein vielfaches mehr aus Alexander als Zeller in dem ca. 800 Seiten starken Bande über Aristoteles! In seiner Unvertrautheit mit der einschlägigen Literatur hat H. keine Ahnung davon, dass dies, wie überhaupt das viele, massenhafte Griechisch, von jedem sachkundigen Leser als ein aufdringliches „philologisches" Geflunker empfunden wird. Er sagt ferner, dass ich auch gelegentlich meiner Erwiderung die alten nicht zu Rate gezogen habe. Nun, es ist wahr, dass ich H.'s „Kritik" nicht als genügende Veranlassung zu einem Neustudium der ganzen Materie betrachtete, dazu ist seine „Arbeit“ viel zu minderwertig. Ich habe mich darauf beschränkt, seine Unwissenheit und die Falschheit seiner Einwendungen nachzuweisen und dabei auch manches zur Beleuchtung von Einzelheiten hinzuzufügen. Dazu genügte meine allgemeine Kenntnis des Stoffes (die Abfassung des Kapitels über Arist. lag damals schon sechs Jahre zurück). Jedoch habe ich Simplicius und Alexander bei mir gehabt und oft zu Rate gezogen. Dagegen aber behaupte ich mit aller Entschiedenheit, dass H. den Leser irrezuführen sucht, wenn er ihn glauben machen will, dass er beim Schreiben seiner „Kritik“ die alten Autoren, besonders Alexander (Simplicius zitiert H. in seiner „Kritik“ zwei- dreimal) und Bonitz Kommentar und Uebersetzung gekannt hat (er mag ja darin geblättert haben). Er sucht seine „Interpretationen“ in Alexander und Bonitz hineinzutragen, wo er es, bei aller Unwissenheit, wissen muss, dass das nicht wahr ist. Das tut er besonders an Stellen, wo ich ihm hart zusetze, um zu zeigen, dass diese Vorwürfe jene Autoritäten treffen. Wo er sich nicht anders zu helfen weiss, da nimmt er eine „ehrliche“ Verteilung der Autoritäten vor. Er lässt die eine mit mir übereinstimmen und konstruiert eine Kontroverse mit der anderen, um seine Unwissenheit wenigstens durch eine Autorität zu decken. Im Zusammenhange damit wagt er oft die unglaublichsten Bravurstücke. Er gibt eine wissentlich falsche Darstellung des Streitpunkts, er wechselt einfach den Gegenstand der Kontroverse nach Belieben, während er den eigentlichen Streitpunkt gänzlich fallen lässt. Ueberhaupt hat er seine Erwiderung nicht als wirkliche Erwiderung eingerichtet. Er behandelt die Fragen so aus dem Blauen heraus und zieht nur diejenigen Punkte der Kontroverse in die Diskussion, die ihm bequem liegen. Damit verdeckt er die Tatsache, dass, während er fortwährend (besonders am Schlusse) versichert, dass er nichts von seiner „Kritik“ zurücknimmt, er in Wahrheit Alles zurücknimmt. Denn auch in jenen Fragen, wo er auf seinem „Standpunkt“ beharrt, tut er dies im Widerspruch zu dem, was er früher oder später sagt, und oft, in äusserster Konfusion, indem er in einem Zuge Ja und Nein sagt. Er wirft sich zum Vertreter der gangbaren Interpretation auf, bereitet ihr aber mehr Schwierigkeiten, als schon an sich existieren. An solchen Stellen, wo ich ausdrücklich sage, dass ich von der gangbaren Interpretation abweiche, da zitiert er überflüssiger Weise am meisten. Er konstruiert aber auch Kontroversen zwischen den Autoren und mir, wo gar keine existiert. Dies um seine eigene

Unwissenheit zu decken. Er zitiert Stellen gegen mich, die für mich sind. Oft natürlich handelt es sich um Unwissenheit und Konfusion, oft aber sieht er das und nimmt zu den verzweifeltsten sophistischen Verdrehungen seine Zuflucht. Und wo auch das unmöglich ist, da tut er schrecklich entrüstet und führt Stellen, die für mich sprechen, mit nichtssagenden Bemerkungen gegen mich an. Ueberhaupt ist bei ihm starke Entrüstung stets ein sicheres Zeichen, dass er der Hoffnungslosigkeit der Situation doch gewahr worden und zur äussersten Skrupellosigkeit entschlossen ist. In solchen Fällen ist er mitunter das Opfer einer vollständigen Apathie gegen die Elementarbegriffe von Mein und Dein und verteidigt das, was er aus meiner Erwiderung gelernt hat, gegen mich. Ich würde wohl noch mehr zur Charakteristik dieser „Arbeit" zu sagen haben, wenn ich die Autoren zu Rate gezogen hätte. Da würde ich wohl auch etwas über die Art zu sagen haben, wie H. zitiert, was er verschweigt u. s. w. Allein ich muss mich damit begnügen, was ich aus den von H. beigebrachten Zitaten ersehen kann. Ich bin jetzt mit anderen dringenden Publikationen beschäftigt und schreibe dies ausserdem in einem kleinen Orte am Michigan-See, wo ich zum Ferienaufenthalt weile. Meine gesamte Literatur besteht aus dem zweiten Bande Arist. (Didots Ausgabe) und einigen Notizen aus dem Organon.

Es sind dies schwere Anklagen, die ich gegen H. erhebe, und ich fühle mich gehalten, den Wahrheitsbeweis anzutreten. Es geschieht dies in folgenden Ausführungen (ich folge der Paragrapheneinteilung meiner Erwiderung), in denen ich besonders darauf achte, H.'s Scheu vor jedem systematischen Zusammenhang und seine „Methode", die Stellen aus dem Zusammenhang zu reissen und im Chaos zu fischen, dadurch zu neutralisieren, dass ich meine Erwiderung an dazu geeigneten Stellen so einrichte, dass der Leser ein klares Bild der systematischen Entwickelung der aristotelischen Metaphysik erhält (besonders in den Nrn. 13, 20, 32—34, 36—38 und 40).

I.

Zur systematischen Interpretation.

1. H. geht auf den Vorwurf der Widersprüche in seiner Stellungnahme zu meinem Buche, besonders zu dem Kapitel über Arist., gar nicht ein. Die Tatsache des Widerspruchs ist zu offenkundig, als dass er eine Rechtfertigung hätte wagen können. Er

hält es für erlaubt, dem „freundlichen Leser" gegenüber, an dessen Zuversicht und Leichtgläubigkeit er so oft appelliert, sich ganz ungezwungen zu geben, mal so, mal so, wie es sich gerade trifft. Und so fährt er fort, zu sündigen. Jetzt hat er wieder gefunden, dass meine Darstellung und mein Stil dunkel sind (S. 3, 91). Früher aber wusste er zu sagen: satisfying the needs of the specialist as well as those of the student interested in the result (Jewish Exp. May 8 1908). Und dann: the chapter on Aristotle's treatment of matter and form (von dem er jetzt, S. 91 sagt: the chapter in question is a misfit) is, by the virtue of its orientating character and the novelty of some of its views, very important (The Philos. Review, Sept. 1908, S. 555—56). Wer wird nun zwischen diesen beiden diametral entgegengesetzten Behauptungen von H. 1 und H. 2 entscheiden? Geben wir einem dritten das Wort: „Ein wissenschaftliches Werk, ausgezeichnet durch Objektivität und Gründlichkeit. Auch gebildete Laien werden es mit Segen studieren, was durch den fliessenden Styl wesentlich erleichtert wird" (Mitteil. d. Christl. Kolp.-Vereins No. 291, Dez. 1910, S. 1490). H. aber verrät durch sein Schweigen zu diesem Vorwurf, dass ihm jede Empfindung für wissenschaftliche und literarische Persönlichkeit abgeht, dass er keine objektive Urteilskraft besitzt und daher für die Diskussion philosophischer Fragen disqualifiziert ist (No. 2 erheischt keine Antwort).

3. Den Vorwurf, dass ich die zwei verschiedenen Standpunkte in Arist. von auswärts hineininterpretiere, nimmt H. (schweigend) zurück.

4. 5. Gegen meinen Nachweis, dass er das Verhältnis von Materie und Form in meinem Buche verständnislos wiedergegeben, weis H. nichts vorzubringen (vgl. Nrn. 14 u. 41).

6. Auf den Vorwurf, dass H. mir zu unrecht eine mechanische Einteilung der Schriften Arist. in Physik und Metaphysik zuschreibt, hat H. keine Antwort. Dem anderen, dass er „die Tatsache der zwei verschiedenen Standpunkte in Arist. Schriften leugnet", setzt er die Behauptung entgegen: When Neumark says I deny that there are contradictions in the Aristotelian system, he is throwing dust in the reader's eyes (S. 6). Ich kann davon absehen, dass es dem Leser des ersten Artikels klar ist, dass H. in der Sache ganz blind ist und von den Widersprüchen keine Ahnung hat. H. behandelt diese Frage im Zusammenhang mit der Metaxü-Frage und sagt: The Metaxü just discussed is a case in point. Das ist im allgemeinen richtig. Wenn ich aber H. den Vorwurf gemacht, dass er die zwei

Standpunkte überhaupt leugnet, so ist dabei das Metaxü kein case in point, da ja die Interpreten, auf die ich mich berufe, von dem Metaxü nicht sprechen. Der Hauptwiderspruch nach den Interpreten ist, in den Worten Zellers, „dass bald die Form, bald das Einzelwesen, welches aus Form und Stoff zusammengesetzt ist, als das Wirkliche erscheint". Was heisst es aber „die Form als das Wirkliche" ansehen? Unmöglich etwas anderes, als dass die Form ganz unabhängig vom Stoffe wirklich ist. Diese Lehre bezeichne ich als die Ansicht von der Form als vom Stoffe abtrennbar, obschon niemals wirklich getrennt existierend. Es ist aber gerade diese Lehre, von der H. sagt, dass sie in der Metaphysik nicht vorkommt und von Arist. nicht gelehrt wird (S. 28—29 und sonst); und da H. auch in Abrede stellt, dass die Metaphysik inbezug auf den Gattungsbegriff in der Definition, Steresis, Individuationsprinzip und Motiv des Werdens einen besonderen Standpunkt einnimmt (vgl. die folgenden Nummern, bes. S. 28—29, u. m. Erw. 272-278), so bleibt tatsächlich nichts, worin die Aeusserungen Arist. einander widersprechen. H. will doch nicht sagen, dass die der Metaphysik von mir zugeschriebenen Aeusserungen sich nicht in der Metaphysik, sondern in der Physik finden. Worin bestehen denn dann die Widersprüche in Aristoteles? H. versucht es nicht, zu sagen. Das wäre auch unmöglich. Mein Lösungsvorschlag (s. m. Erw. S. 278) besteht aus zwei Momenten. Erstens: die verschiedenen Ansichten in Arist. entsprechen den verschiedenen Bedürfnissen der Physik und der Metaphysik als Wissenschaften. Dieser Gedanke ist nicht ganz neu. Er rührt, wie ich in m. B. S. 376 hervorgehoben, von Hertling her, nur konnte Hertling diesen Gedanken nicht befriedigend durchführen, weil er den Widerspruch in der Metaxü-Frage überhaupt nicht und den in den Fragen von Steresis, Individuationsprinzip und Motiv des Werdens nicht im vollen Umfange gesehen. Die Hinzufügung, bezw. Vertiefung dieser Widersprüche ist das zweite Moment meiner Interpretation. Wenn aber H. alle diese Lehren in der Metaphysik bestreitet, so könnte er sein neuestes Bekenntnis zu den Widersprüchen im System Aristoteles nur dann aufrecht erhalten, wenn er diese Lehre in den Werken der Physik nachweisen könnte. Es gibt kein Entrinnen, H. ist in seinem eigenen Netze gefangen. Oder gibt es noch andere Widersprüche im System Aristoteles? Dann aber sind es sicherlich solche, die weder die Interpreten, noch ich gesehen, noch auch hat sie H. verraten!

7. Auf meinen Vorwurf, dass ich die mir von ihm zugeschriebene Ansicht, Arist. lehre in der Physik nicht die absolut formlose Hyle

als ein selbständiges Prinzip, nirgends geäussert, vielmehr das Gegenteil mit Nachdruck betont habe, hat H. nichts zu erwidern. Ebensowenig aber auch darauf, dass er sich auf Phys. I. 7, hier noch nicht berufen kann.

8. 9. Die Metaxü-Frage (H.'s Erw. S. 4—6):

Zunächst, H. wagt nicht einmal, eine Erklärung dafür anzubieten, dass er im Exponent von der Existenz des Wortes „Metaxü" in unserer Partie keine Ahnung hatte. Den ehrlichen Mut, die Tatsache offen einzugestehen und dafür um Entschuldigung zu bitten, hat er auch nicht — er schweigt! Dieses Schweigen bedeutet aber das Geständnis, dass er dies geschrieben hat, ohne den betreffenden Text (Phys. I, Kap. 5 u. 6) gesehen zu haben — wohl auf Grund des Index, in dem richtig nachzuschlagen ihm die nötige Sachkenntnis fehlt. Dieses Schweigen disqualifiziert H. als Partner für die Diskussion philosophischer Fragen! Zur Entschuldigung seiner Unwissenheit, dass Arist. das Wort in unserer Partie nicht bloss ein Mal, wie H. im Archiv-Artikel angibt, sondern achtmal gebraucht, suggeriert er, dass die drei Male in Kap. 6 als ein Mal anzusehen sind (also „höhere Mathematik": 1 + 1 + 1 = 3!) und erklärt die fünf Male in Kapitel 5 als für die Sache irrelevant (also: 5 = 0, 3 = 1, daher: 3 + 5 = 1!). Das ist natürlich nicht wahr, ich habe in meiner Antwort den Zusammenhang erklärt, aber auch ohne nähere Prüfung muss es jedem Einsichtigen als ein Unsinn anmuten, dass Arist. in zwei aufeinander folgenden Kapiteln denselben Terminus in den Mittelpunkt der Diskussion stellt, ohne dass zwischen beiden Kapiteln hierin ein enger Zusammenhang besteht. Die Hauptsache aber ist, dass kein Mensch das glaubt, dass H. von der Existenz des Metaxü in Kap. 5 gewusst habe, während er die fragliche Stelle schrieb. Das ist aber sehr wichtig, denn es zeugt laut von der mangelhaften Vorbereitung und der unglaublichen Ungewissenhaftigkeit, mit der H. an die „Kritik" meines Buches herangegangen ist. Die jetzt angebotene Erklärung ist eine flagrante Unehrlichkeit. Zur Sache erneuert H. seinen Versuch, das Metaxü als ein absolut formloses Etwas zu erklären, ist aber von der Wucht der Tatsachen gezwungen, „Ja" und „Nein" in einem Zuge zu sagen (S. 4—5): It is true that if we think of pure στέρησις as an element in γένεσις it is impossible to get rid of contraries even in the absolutely formless ὕλη, for there would be the absence of form, ἀσχημοσύνη, which is the contrary of form, but Aristotle is here thinking of positive contraries, such as hot and cold, wet and dry, etc. Das ist's eben: da die Steresis als ein

Element des Werdens ein Formminimum erfordert, deshalb kann die Tatsache, dass Arist. hier von positiven Gegensätzen spricht, nicht, in sophistischer Weise, gegen, sondern, wie es der gesunde und ehrliche Menschenverstand erfordert, nur für das Vorhandensein des Formminimums im Metaxü angeführt werden. Der wichtigste Punkt ist aber noch erst zu erwähnen: Ich habe in meiner Erwiderung festgestellt, dass die Definition der Hyle in Phys. I, 7,13: Ἔστι δὲ τὸ ὑποκείμενον ἀριθμῷ μὲν ἕν, εἴδει δὲ δύο wörtlich mit der Definition des μέσον (= μεταξύ) übereinstimmt, Phys. VIII, 8,2, von dem Arist. dort ausdrücklich sagt, dass es eine mittlere, von beiden Extremen gleich weit abstehende Qualität hat, ferner habe ich dort auf De memoria et rem. 2,45 (451—52) und de part. anim. 7,31f. (652—53) verwiesen, wo Arist. das μέσον ausdrücklich für das Prinzip aller Dinge erklärt. Wenn nun H. sagt: Aristotle nowhere defines any such metaxü as Neumark suggests, so würde man erwarten, dass er sich mit den angeführten Stellen irgendwie auseinandersetzen wird, er aber zieht seine früheren Praktiken vor — er schweigt die Sache tot. Was ist nun dagegen zu tun? Soll ich wieder zitieren? Ich verzichte darauf.

Zu dem, was H. über Platos Metaxü und die Stelle in Simplicius (p. 302) sagt, will ich nur im Vorbeigehen darauf hingewiesen haben, dass H. hier, wie sonst, die Begriffe verrenkt. 1. Wenn ich sage, dass Arist. sehr wahrscheinlich auf Plato hinzielt, so beweist die Angabe Simplicius', dass das Metaxü eine Lehre Diogenes ist, nichts dagegen. Der Metaxü-Begriff, von dem H. in seinem ersten schriftstellerischen Rausche keine Ahnung hatte, hat eben, wie viele andere seiner Art, eine Entwickelung durchgemacht. Den Einfluss Platos auf Arist. auszuschalten, ist eine Kinderei. 2. Ich sage vom platonischen Metaxü, dass es auch die aristotelische Bedeutung hat. Nicht nur die fertigen Naturdinge, sondern auch den niedrigsten formbegabten Stoff nennt Plato Metaxü im Gegensatz zur Chora, die absolut formlos ist (vgl. m. Buch II, 1, S. 281, 1, wo besonders auf den Satz hingewiesen wird: ἴχνη μὲν ἔχοντα αὐτῶν ἄττα „wenn die Urhyle Spuren der Elementarqualitäten hat, dann kann sie nicht mehr jenes Unding sein" — nämlich die Chora). Bei Arist. bedeutet eben Metaxü nur das Doppelwesen von Urhyle und Formminimum. Ferner eignet sich Arist. den Begriff der Chora nur in der Metaphysik an, wobei er aber den Begriff der Potenzialität hinzufügt (wenigstens glaubt Arist., dass dieser Begriff Plato entgangen ist). In der Physik, wo der Unterschied zwischen Aktualität und Potenzialität (im substanziellen Sinne) nicht existiert, lehnt Arist.

den Begriff der Chora gänzlich ab, indem er die Zweiheit der Urhyle, d. h. deren Metaxücharakter, betont. Ersteren Punkt deutet Arist. Phys. I. 8 E. an, letzteren setzt er besonders scharf und eingehend in Kap. 9 auseinander. Das ist in meinem Buche und besonders in meiner Erwiderung No. 15 und 11a (hinter No. 19) zur Genüge klargelegt worden. H. hat nun begreifliche Schwierigkeit, diese Tatsachen und Begriffe in Evidenz zu halten. Und deshalb verwirrt er sich und den Leser mit Zitaten, um nachzuweisen, dass Arist. in Kap. 6 das Metaxü in ähnlichen Ausdrücken beschreibt, wie Plato in der von mir angezogenen Timäusstelle, und in de caelo III, 8,2 das ὑποκείμενον dem πανδεχές Platos parallelisiert: Im ersteren Falle verlässt sich Arist. darauf, was er in Kap. 8 und 9 auseinanderzusetzen im Begriff ist, im letzteren darauf, was er in diesen Kapiteln auseinandergesetzt hat. H. ignoriert diese Stellen hier und auch sonst (s. w. u.), Arist. aber kann doch nicht die Diskussion jedesmal wiederholen. Das ohne nähere Prüfung der Stelle in de caelo, tun wir aber das, so gehört sie überhaupt nicht zur Sache. Unter ὑποκ. hier versteht Arist. extensiv-formlose Hyle, wobei die Frage der intensiven Form gar nicht in Betracht gezogen wird. Das Pandeches Platos ist aber jedenfalls extensiv-formlos, und hierin gibt es zwischen Arist. und Plato keine Differenz (Met. VI, 3, 3.4), und hierin herrscht in Metaphysik und Physik ein und derselbe Gesichtspunkt. Auch hier somit verrät H. einen für einen so gestrengen „Kritiker" sehr beklagenswerten Mangel an Orientierungsfähigkeit in den Elementarbegriffen der Philosophie! H. widerspricht aber auch sich selbst: Wenn Arist. hier mit Plato in der Definition übereinstimmt, warum lehnt H. meine Vermutung ab, dass Arist. hier auf Plato hinzielt? — Konfusion!

10 u. 14 (20): In der Frage der Form als Motiv des Werdens nimmt H. alles zurück, was er gegen mich vorgebracht hat. Er nimmt zurück (S. 6—7 u. 28—29), die sinnlose Definition von Form, wonach Form kein Prinzip des Werdens ist, und ferner den Satz: That form is the principle of Becoming Aristotle does not say. Mein Satz: Das ist ja einfach zum Erröten! hat seine Wirksamkeit nicht verfehlt (zu dem Widerspruch H.'s mit sich selbst in der Frage, ob Arist. hier die Frage der Möglichkeit des Werdens behandelt, s. No. 19). Aber er sucht dies dadurch zu verdecken, dass er eine Definition dessen gibt, was er unter Motiv des Werdens versteht. So nennt er nur diejenige äussere Ursache, die ein Ding zuerst ins Dasein setzt. Darüber, sagt er, hat Arist. in der behandelten Stelle in

der Physik nichts zu sagen. Ja, habe ich denn gesagt, dass Arist. in dieser Stelle von der äusseren Ursache spricht? Wo? Ich habe gesagt, dass er vom Motiv des Werdens spricht, worunter ich, wie jeder andere, die Totalität des Formprinzips verstehe, das Arist. erst in II,3 „in dessen drei Momente“ analysiert (m. B. S. 307—308 und Erwid. S. 283). Arist. sagt aber ausdrücklich I, 5,8: αἰτίας τίθενται τῆς γενέσεως — wie ich es S. 282 zitiert habe. Heisst dieser Ausdruck Motiv des Werdens oder nicht? Inbezug auf die später zu behandelnde Stelle der Metaphysik sagt H. selbst, dass er meiner Interpretation nur deshalb widerspricht, weil Arist. nicht ausdrücklich αἴτιον τῆς γενέσεως sagt (s. w. u.). Wie findet sich nun H. mit dieser entscheidenden Stelle der Physik ab? Der Leser errät es schon: H. schweigt diese Stelle tot! Aber auch das, was H. (unter unzulässigem Wechsel des Streitobjekts) hier und dann in bezug auf die Metaphysik-Stelle über das Verhältnis von innerem und äusserem Formprinzip in deren Qualifikation als Motiv des Werdens sagt, zeugt von vollständiger Unkenntnis der Philosophie Arist. Er sagt: They are the same εἴδει not ἀριθμῷ, to use Aristotelian terms. They are not in any individual case identical, ὑγίεια γάρ πως ἡ ἰατρική . . . . . Even in so called self-moving things, the mover is different from the thing moved which latter is composed of matter and form (S. 7); the phrase motiv of Becoming . . . . applies strictly only to the efficient cause which comes from without . . . it is a form, to be sure, and in this sense, it is true form is the motive of Becoming. Dann: . . . . it is the form that constitutes what we mean by the concept man. This is quite a different thing from the motive of Becoming (S. 28). Auch das für sich, auch abgesehen davon, dass es dem, was H. früher gesagt hat, diametral entgegengesetzt ist, ist einfach zum Erröten! Das Motiv des Werdens beschränkt sich danach auf den Akt der Hervorbringung. Der Prozess, durch den sich das von dem Erzeuger nunmehr vollständig unabhängige Embryo entwickelt, und der fernere Prozess, durch den das in die Welt gesetzte Individuum zur höchsten Vollendung in Wachstum und Funktion sich entwickelt, ist kein Werden mehr, oder dieses Werden vollzieht sich nicht durch die innere Triebkraft im Samen, durch die Entelechie (hat H. das Wort „Entelechie“ im System Arist. schon jemals gehört? vgl. m. B. S. 306,3 über das Verhältnis von Entelechie und Form), sondern durch die Form, das heisst, die Entelechie des Vaters. Das Motiv des Werdens, wodurch ein Samen sich zur vollen Pflanze entwickelt, liegt nicht in diesem

Samen, sondern im Landmann, der den Samen in den Boden gesenkt. Der Baum verblüht im Herbst, blüht dann wieder auf im Frühling, treibt wieder Früchte im Sommer, wiederholt diesen Prozess jahraus, jahrein, nicht weil er in sich ein Motiv des Werdens trägt, sondern weil der Landmann vor mehreren Dezennien den Samen in den Boden gesenkt! Das ist barer Unsinn, gegen das a b c der Philosophie überhaupt und der Philosophie des Arist. insbesondere. Man muss ferner auf die allgemeine Intention und die ausdrückliche Aeusserung Arist. achten, dass in *Naturdingen* die Form als Motiv des Werdens und die Bewegungsursache *identisch* sind, da es in Wahrheit von jeder Art nur *ein* Formprinzip gibt (m. Buch S. 360). Man darf also nicht, wie H. es tut, Naturdinge und Kunstdinge durcheinander werfen und sagen, dass diese beiden Prinzipien in keinem Falle identisch sind (s. No. 41 Ende, wo H. sich widerspricht). H. *verschweigt* die von mir in No. 10 (Phys. II, 7,3) und No. 14 (Met. VII, 6,3) zitierten Stellen, wo Arist. das ausdrücklich sagt, und philosophiert ins Blaue hinein. Wenn Arist. in der zuerst genannten Stelle sagt, dass diese beiden Prinzipien εἴδει identisch sind (nicht: to use Aristotelian terms, Arist. sagt das *ausdrücklich*!), so meint er damit, dass sie inbezug auf die *Funktion als Motiv des Werdens* dasselbe sind. Gewiss kann man die Form des Gezeugten und die Form des Zeugers als zwei betrachten, d. h. man kann die Totalität des Formprinzips in zwei (oder auch in drei) Momente analysieren, aber damit beraubt man nicht die innere Form ihres Charakters als Motiv des Werdens. Das hier obwaltende Verhältnis ist vielmehr dieses: Die innere Form ist das *eigentliche* Motiv des Werdens, die äussere Bewegungsursache hingegen *nur Veranlassungsursache*, oder das Motiv des Werdens zweiter Klasse. Die Analyse bringt somit den Charakter der inneren Form als Motiv des Werdens erst recht zum Vorschein. Was ist aber die (innere) Form nach H.? Er sagt (S. 28) *that* is the reality of the thing, which is *the cause of the thing's being what it is* (von mir unterstrichen). Diese Definition kann ich akzeptieren, da „die Ursache davon, dass ein Ding ist, was es ist“ eben nichts anderes ist, als das Motiv des Werdens, aber H. sagt bald darauf: this is quite a different thing from the motive of becoming! d. h. er sagt Ja und Nein in einem Zuge. Und das tut er in der „Behandlung“ *einer der vielen* Stellen, in denen Arist. *ausdrücklich* sagt, dass die innere Form das Motiv des Werdens ist, Metaph. VII, 3,4. Er macht Einwendungen gegen meine Interpretation, gibt aber zu, dass Alexander, den er ja in Erbpacht genommen hat (s. w. u.), diesmal so freundlich ist, sich auf meine Seite zu stellen (wir werden weiter unten sehen, dass diese „Alten“ sich mit H. oft diesen Scherz erlauben? Wer kannte nun Alexander, H. oder ich?), behauptet aber, dass Bonitz ihm (H.) hier treu geblieben ist. Das ist natürlich nur die Phantasie H.'s. Bonitz sagt: Atque hac forma quoniam efficitur, ut res quaelibet id sit quod est, iure eam substantiam rei dixeris. H. ist so naiv, hinzuzufügen: Ut res id sit quod est is not the same as ut res gignatur. Natürlich nicht, weil Bonitz solch einen Unsinn nicht hätte niederschreiben können. Aber „efficitur, ut res quaelibet id sit quod est“ heisst: es bewirkt, dass irgend ein Ding das ist, „was es ist“, was natürlich nichts anderes heisst als die innere Form als Motiv des Werdens. Auch Alexander spricht von der inneren Form, nicht von der äusseren. Um seine Unwissenheit mit wenigstens einer Autorität zu decken, konstruiert H. eine Kontroverse zwischen Alexander und Bonitz. Für die Methode H.'s und die Konfusion, in der er sich befindet, ist aber folgende Stelle charakteristisch: It is a form to be sure, and in this sense, it is true, form is the motive of Becoming, but, and this is the point (H. unterstreicht), this view is not peculiar to the Metaphysics. Das ist nicht wahr und dient bloss zur Deckung des Rückzugs (des Zugeständnisses, dass „Form“ doch Motiv des Werdens ist). Im Gegenteil, H. bemühte sich ja eben, meine Behauptung, dass Arist. in den ersten Kap. der Physik die Form als Motiv des Werdens zu begründen sucht, zu widerlegen! Wenn H. in seinem ersten Artikel sagte, Aristotle is no more interested in the Metaphysics than he is in the Physics, to tell us why a particular matter and a particular form unite, so war das von seinem Standpunkt aus im allgemeinen richtig, da es sich nach mir um ein Mehr handelt, indem die Abtrennbarkeit der Form in der Metaphysik auf die Begründung eines realen Reiches von Formen gerichtet ist. Hier aber, wo H die Abtrennbarkeit der Form als eine besondere Frage behandelt, ist der beanstandete Satz, der weiter geht und suggeriert, dass nach meiner Interpretation Arist. in der Physik überhaupt nicht die Form als Motiv des Werdens lehrt, nichts als Konfusion und Bluff! (s. m. Erw. No. 13, 13a u. 15 u. m. B. S. 347; ferner die Definition der Natur, Physik II, 1: Naturdinge haben ihr Bewegungsprinzip in sich, im Gegensatz zu Kunstdingen; ferner Physik III, 2,5; S. 85 sagt H. „in this case“ — also nicht in allen Fällen ist die Ursache eine äussere; s. No. 41 E.)

11, 11a (hinter 19) und 24—26 (H.'s Erwiderung S. 7—10 u. 40—41). H. hat hier nichts diskutables zu seiner Verteidigung zu sagen. Er gibt seinen lächerlichen „Standpunkt“ in der Steresisfrage einfach auf, er sagt von der Steresis, dass sie ein negatives Motiv des Werdens ist, was ich in meinem Buche und in meiner Erwiderung immer wieder und wieder betont habe (an einer Stelle, S. 85, drückt sich H. so aus, als ob ich die Steresis als ein positives Motiv des Werdens betrachtete, das beruht auf der Unterstellung dass ich die Form in der Physik nicht als Motiv des Werdens anerkenne, ist aber einfach nicht wahr). Er wirft die Stellen in meiner Erwiderung durcheinander, ohne auch nur die Seitenzahl anzugeben, um so den Leser über die in Betracht kommenden Fragen möglichst konfus zu machen. Soviel aber ist klar, H. behauptet hier in der Frage, inwiefern die Steresis als Motiv des Werdens zu betrachten ist, nichts gegen meine Interpretation, er nimmt also seine „Kritik“ in diesem Hauptpunkte zurück. Im übrigen appelliert er an den freundlichen Leser und verlegt sich auf unqualifizierbares Schimpfen. Sein Versuch, sein unglückliches „and may be dispensed with“ durch die Interpretation zu entschuldigen, dass es sich dabei nur in reference to a particular discussion (S. 8) handelt, zeigt bloss an, dass er sich dessen nunmehr schämt. Denn es ist nicht wahr; er sagte das entschieden im allgemeinen, um meine Interpretation von der Steresis als Motiv des Werdens anzugreifen. Wenn H. Zeller zitiert (nach m. B. S. 377), so besagen die Worte Zellers, dass die Steresis kein selbständiges Prinzip ist und nur mit einem gewissen Vorbehalt aufgeführt wird, eben nichts weiter, als was ich sagte, dass die Steresis nur ein negatives Motiv des Werdens ist, was H. bestritten hat. Wenn Zeller noch darauf hinweist, dass die Steresis nur in dem kleineren Teil der hergehörigen Stellen besonders aufgeführt wird, so habe ich darauf hingewiesen, dass diese Stellen eben diejenigen sind, die zur Begründung der Physik gehören. H. hat auch von diesen wenigen Stellen nichts gewusst, H. weiss also den Zweck meiner Zitate auf S. 284 m. Erw. (gegen seine Aussage hier, S. 8). Gegen H.'s: Arist. says nothing of a special steresis habe ich auf die Stellen hingewiesen, wo er diesen Begriff klarlegt, das wird von allen Aristotelikern spezielle Steresis genannt. Vgl. z. B., Maimuni Guide des Egarés I, 17: les principes des êtres qui naissent et perissent sont au nombre des trois: la matière, la forme et la privation particulière. Dass Arist. den Ausdruck „allgemeine Steresis“ in der Metaphysik gebraucht, habe ich nirgends behauptet, im Gegenteil, S. 363 meines Buches sage ich: „Wir haben aber hier ebenfalls drei Prinzipien . . . und den auf die Formen als Prinzipien des Werdens gerichteten Drang der Hyle, den wir im Gegensatz zu speziellen, „allgemeine Steresis“ (s. oben) nennen können“. Der Einwand H.'s, Arist. spricht nicht von allgemeiner Steresis, ist somit sehr billig. Die Frage ist nur, ob die Interpretation richtig ist, bildet daher keine besondere Frage für sich. Mein Vorwurf, dass H. den Inhalt der Kap. 8 u. 9 nicht kannte, bleibt bestehen. Was er im Namen Baeumkers anführt zur Aufklärung der von mir in m. B. angeführten, aber von H. in seiner „Kritik“ unterdrückten Stelle, in welcher Arist. von der Steresis als von einem in gewissem Sinne positiven Momente spricht, kann hier nicht geprüft werden (m. Interpretation macht die Unterscheidung von positiver und negativer Steresis überflüssig). Wenn aber H. sagt, dass er diesen Unterschied S. 450 angedeutet habe (S. 9) so ist das einfach nicht wahr: in dem angeführten Satz beziehen sich die Worte „hence called στέρησις nur auf „purely negative“, nicht auch auf „black as opposed to white“. Wenn H. jetzt die Stelle Phys. I, 7, 7, zweimal (S. 8—9 u. 40—41) behandelt, während er früher ganz glatt darüber hinwegging, so beweist das nur, dass ich recht hatte: er wusste gar nicht, worum es sich handelt. Auf meinen Einwand, dass Arist. doch hier, wo er erst im Begriff ist, die Steresis abzuleiten, von dieser noch unmöglich sprechen kann, weiss er keine Antwort. Das spricht zur Genüge dafür, dass er weder Arist. noch Simplicius verstanden hat. Gegen meinen Nachweis, dass Simplicius hier dasselbe sagt, wie ich, weiss er nichts weiter anzuführen als vermessene Redensarten. Es handelt sich also diesmal nicht mehr um Unwissenheit, sondern um entschlossene Skrupellosigkeit!

Die Hauptsache aber bleibt dies. Indem H. jetzt die Ansicht Baeumkers zu seiner eigenen macht, geht er in der Erhebung der Steresis zu einem Motiv des Werdens über meinen Standpunkt hinaus. Nach meiner Interpretation kennt Arist. die Steresis nur als ein negatives Motiv des Werdens, nach B. hingegen auch als ein positives. Damit widerspricht H. nicht nur dem, was er in seiner „Kritik“ über die Steresis gesagt, sondern auch dem, was er hier, in seiner „Erwiderung“, darüber sagt, wenn er sich Zeller und mir anschliesst. Kommt er dann noch hinterher (S. 85) und wirft mir (zu unrecht) vor, dass ich die Steresis als ein positives Motiv betrachte, so lehnt er wieder Baeumker und sich selbst ab und beweist auch dadurch, welche Konfusion in seinem Kopfe herrscht, wenn er sich in philosophicis versucht! Man halte nur die beiden „Standpunkte" H.'s gegeneinander: In der Kritik war die Steresis „the most absolute kind of a Nichtsein", hier gibt es sogar eine positive Steresis! Meiner Anklage, dass er den Nachsatz des von mir zitierten Satzes unterdrückt hat, um den Ausdruck „nur ein Nichtsein an sich" anzugreifen, und dass dieser Ausdruck im Sinne des Nachsatzes sich wörtlich bei Arist. findet, entzieht sich H. durch Schweigen!

H. bestreitet den Unterschied von μὴ ὄν und οὐκ ὄν bei Arist. (und was bei Plato und anderen?). Damit erbringt er ganz persönlich den (überflüssigen) Beweis für meine Behauptung, dass dieser klassische philologisch-philosophische Schriftsteller vom technischen Gebrauch von μὴ ὄν in der griechischen Philosophie keine Ahnung hatte.

12. Gegen H.s Leugnung der zwei verschiedenen Standpunkte Arist. in der Definitionsfrage habe ich auf Nr. 6 m. Erw. verwiesen, dass dies bereits von den massgebenden Interpreten konstatiert worden ist. H. hat drei Stellen gegen meine Ansicht angeführt. Ich habe nachgewiesen, dass er die Stellen missverstanden hat. Ferner habe ich bei der Gelegenheit festgestellt, dass H. den Leser glauben machen will, dass es sich um wichtige, mir entgangene Stellen in Arist. handelt, während er in Wahrheit alle Stellen direkt aus meinem Buche abgeschrieben hat, mit Ausnahme einer einzigen Stelle, auf welche er nur indirekt geführt worden ist. Auf all das hat H. nichts zu erwidern. Ein verschämter Satz (S. 26): Any body might say this without committing himself to any point of view about the problem of Definition etc. erweckt den Anschein, als ob H. die zwei verschiedenen Standpunkte in Arist. in dieser Frage zugeben wollte. Er dachte damals wohl noch gar nicht an die Nrn. 33, 34, 37, 38.

13 u. 13a. (vor 20): die Abtrennbarkeit der Form in der Metaphysik (H.'s Erw. S. 10—14 u. S. 29). Der Sachverhalt wird von H. hier durch viel überflüssiges Gerede verdunkelt, er ist aber wie folgt: H. beanstandete meine Uebersetzung von zwei Stellen der Metaphysik, ohne eine Ahnung davon zu haben, dass es sich um eine ganze Reihe von Stellen handelt, die zu harmonisieren die alten und die modernen Interpreten versuchten. Die Schwierigkeit besteht darin, dass Arist. in manchen Stellen die Abtrennbarkeit der Form lehrt, in einigen aber dies abzulehnen scheint. Die eine Reihe dieser Stellen muss nun zu Gunsten der anderen gedeutet werden. Die Interpreten beziehen nun die Stellen, welche die Abtrennbarkeit lehren, auf die Gottheit, manche auch auf die Sphärengeister und den aktiven Verstand des Menschen (doch ist die Frage, ob Arist. die

getrennte Existenz dieser Geister lehrt, strittig). Diese Ansicht zitiere ich und widerlege sie durch mehrere Einwände (S. 348 bis 350 Anmerkungen; s. noch S. 361, 1). In meiner Erwiderung verweise ich nun auf diese Stellen und füge noch einiges hinzu, um nachzuweisen, dass ich gute Gründe habe, von den Interpreten abzuweichen. H., der erst jetzt auf meine Anmerkungen aufmerksam geworden und zur Einsicht gelangt ist, dass meine knappen Sätze einen wichtigen problem-geschichtlichen Hintergrund haben, und dass er mit seiner naiven „Philologie“ lächerliche Weltfremdheit bekundete, lenkt nun ein, er lässt sich herbei, dieser Kleinigkeit 5—6 Seiten zu widmen. Aber, wie macht er das? Er beginnt damit, das Vorhandensein von irgend einer Schwierigkeit in der Ausgangsstelle Met. VII, 1,6 selbst, oder in deren Verhältnis zu anderen Stellen, einfach in Abrede zu stellen: This being the case, the passage in H. 1 of the Metaph. p. 1042 a 26 sq. is in accordance with the views of Aristotle expressed elsewhere, and offers no difficulty whatsoever. None of the commentators find it troublesome in any sense. Natürlich muss er dies im Verlaufe der Diskussion mehrfach zurücknehmen. Gleich darauf: Now as Arist. cannot be supposed to contradict himself in the same sentence, we must understand . . . (S. 10 — es ist also nicht so glatt!). Here there is a difficulty. For it is opposed to at least two other passages in which the form of sensible things is said to be χωριστὸν λόγῳ only. These are the passage H. 1, 1042 a 26 which was quoted above (man merke, es handelt sich um dieselbe Stelle, von der er oben sagte: and is in accordance . . .) . . . dann: This passage (Phys. II,1) did in fact give Alexander trouble (S. 13). It is clear that Arist. says (Met. VII, 3, 5, 6), the question of separability of forms is not yet settled.... The matter is thus left quite open (S. 29). Es gibt also eine Menge Schwierigkeiten, und zuletzt bleibt die Frage unerledigt! H. zitiert nun die von mir abgelehnte Interpretation im Namen Alexanders und Bonitz'. Zu welchem Ende? Ich sagte doch, dass ich von den Interpreten abweiche. Hat H. etwa irgend einen neuen Gesichtspunkt in die Diskussion getragen? Nichts, was dem ähnlich sieht. Und was macht H. mit den von mir in den obengenannten Stellen m. Buches vorgebrachten Argumenten gegen die Beziehung der Abtrennbarkeit der Form auf die Gottheit, die er (S. 11, Z. 13 v. u.) unter den Augen hatte? Er schweigt sie tot! Soll ich diese Argumente wiederholen? Es würde ja auch nicht genügen, ich müsste das ganze Kapitel über Arist. wiederholen. Es ist nämlich nicht wahr, dass es sich bloss um die paar Stellen handelt, es handelt sich um den ganzen Aristoteles: denn meine Interpretation in der Frage der Abtrennbarkeit ist nicht nur deshalb der der Interpreten vorzuziehen, weil sie viele einzelne Stellen besser erklärt, sondern auch, weil sie dazu verhilft, Harmonie und Ordnung in die Philosophie Aristoteles zu bringen; dazu, die von allen Interpreten (nunmehr auch von H.!) zugegebenen Widersprüche im System Arist. zu beheben. „Man darf Arist. eben nicht nur mit Rücksicht auf die gerade behandelte Stelle interpretieren, man muss auch Parallelstellen und die Philosophie Arist. berücksichtigen“ (m. Erw. No. 13a, S. 318 oben). Zu einer neuerlichen Aufnahme dieser weitreichenden Frage gibt H.'s minderwertiges Gerede keine Veranlassung, das Verschweigen meiner Argumente gegen die gangbare Interpretation disqualifiziert ihn obendrein auch literarisch, als Partner für diese Frage zu figurieren. Aber auf die von ihm vorgebrachten „Argumente“ soll im folgenden eingegangen werden:

S. 10 sagt H. (warum im Zusammenhang der Steresisfrage und nicht unter der folgenden Frage: Separability of form?): On p. 451 of my criticism I say: „That the natural scientist is interested primarily in matter and the phenomena of matter is not precisely what Aristotle says.“ Neumark, p. 287, denies that he said it. But I find on p. 308 of his book: „Die Naturwissenschaft hat sich hauptsächlich mit dem Stoff und den Erscheinungen an demselben zu befassen.“ Zunächst das: Dem oben zitierten Satz seiner „Kritik“ folgt unmittelbar: he says Met. V, I, p. 1025 b 27—8 etc. H. bezieht sich also auf Met. V, 1, 3 f., diese Stelle behandle ich Seite 320—321, ich zitiere daher in m. Erw. No. 13 die betreffende Stelle meines Buches und weise nach, dass ich dort gesagt habe: „Die Naturwissenschaft beschäftigt sich ebenfalls mit einem Wahrhaft-Seienden.... dem ein Prinzip der Bewegung und der Ruhe innewohnt.“ H. sieht nun ein, dass ich, inbezug auf diese Stelle, das wirkliche Streitobjekt, recht habe, aber er weiss Rat — er zitiert eine andere Stelle aus meinem Buche. Dort gebe ich aber den Inhalt der ersten zwei Kapitel des zweiten Buches der Physik wieder und beziehe mich gar nicht auf die Stelle in der Metaphysik. Welche Konfusion und was für Begriff von literarischem Anstand gehört dazu, seine „Kritik“ auf eine Stelle zu beziehen, auf die er sich dort gar nicht bezieht? Es kommt aber noch schöner: auch da sage ich nicht das, was H. gefunden zu haben glaubt. Auf den von H. zitierten Satz S. 308 folgt unmittelbar: „Da aber das Werden auf Bewegung beruht, und eine jede Bewegung notwendig ein Ziel hat, so muss sich die Naturwissenschaft auch mit der ersten Ursache befassen. Und so geht Arist. auf den Begriff Ursache ein, um die bekannten vier Ursachen abzuleiten (Phys. II,3 = Metaph. IV, 2): Stoff, Form, Bewegungsursache und Zweck". H. bricht das Zitat willkürlich ab, um den Leser glauben zu machen, dass ich Aristoteles sagen liess, dass die Naturwissenschaft sich mit den nicht-stofflichen Ursachen nicht beschäftigt.

Nebenbei: Die Diskussion in Phys. II, 2,11 schliesst: Πῶς δ' ἔχει τὸ χωριστὸν καὶ τί ἐστι, φιλοσοφίας τῆς πρώτης διορίσαι ἔργον. Wenn nun die gangbare Interpretation richtig ist, dass das Einzelding von Aristoteles χωριστόν genannt wird, warum soll der Terminus nicht auch in der Naturwissenschaft behandelt werden — ist ja das konkrete Einzelding eben der Gegenstand der Physik? Das fragte ich schon in der Erwiderung, inbezug auf die parallele Stelle in der Metaphysik, aber H. ist die Antwort darauf schuldig geblieben.

All commentators are agreed that Aristotle believes that the forms of sensible things are not separable from the things themselves except in thought. The only forms that are separate or separable in reality are, the Deity, the Spheral spirits, and the active intellect in man. Alles falsch: Abgetrennt und Abtrennbar sind auseinanderzuhalten. Inbezug auf Sphärengeister und den aktiven Verstand des Menschen gibt es Meinungsverschiedenheit. Die Kommentatoren stimmen nicht darin überein, dass die Form nach Aristoteles nicht abtrennbar ist ausser im Gedanken. Vielmehr haben die modernen Interpreten konstatiert, dass Aristoteles in der Frage nach dem Gegenstand des adäquatesten Wissens und der Definition dem Artprinzip für sich die höchste Wirklichkeit zuschreibt. Die letzte Konsequenz dieses Standpunkts ist nach diesen Interpreten, dass die Artform auch getrennt für sich existieren kann. Freilich sagt Arist., dass die Form ohne Materie nicht existieren kann, darin aber besteht zum Teil der diesbezüglich konstatierte Widerspruch. Diesen Widerspruch beseitige ich, indem ich erstens die verschiedenen Stellen auf Physik und Metaphysik verteile und zweitens, indem ich darauf hinweise, dass die höchste Wirklichkeit nicht die aktuelle Getrenntheit, sondern bloss die Abtrennbarkeit des Formprinzips erfordert. Abtrennbarkeit bedeutet die grössere Selbständigkeit als Prinzip (vgl. m. B. S. 362—63 u. m. Erw. No. 7). In der Physik hingegen, wo Form und Materie eine unabtrennbare Einheit bilden, haben beide, Hyle und Form, geringere Selbständigkeit als in der Metaphysik. Das habe ich in meinem Buche (S. 368—369) und in m. Erw. (No. 13) klar auseinandergesetzt. Wenn daher H. den Unterschied zwischen „Form in Einzelding“ und „Form für sich“ nicht einsieht, so ist es seine eigene Schuld. Von „Form im Einzelding“ kann man auch in der Physik sprechen, und diesbezüglich gibt es da auch keinen Unterschied zwischen Natur- und Kunstdingen, weil die Abtrennung der Form vom Stoffe im Gedanken (λόγῳ) eben nur eine logische Operation ist. Dagegen kann man von „Form für sich“ nur in der Metaphysik und auch da nur bei Naturdingen sprechen, weil dies die Unterscheidung zweier selbständiger Entitäten bedeutet. In diesem Zusammenhang muss ich auf einen interessanten Punkt in den Ausführungen H.'s hinweisen: Warum nicht auch die Hyle χωριστὸν λόγῳ nennen? Er antwortet, weil die Hyle nicht aktuell seiend ist (S. 14 E). Frage und Antwort sind beide richtig, aber die Antwort nur von meinem Standpunkt aus auf dem Boden der Metaphysik, da Aristoteles die Unterscheidung von Potentialität und Aktualität in dem hier erforderlichen Sinne nur in der Metaphysik lehrt (s. nächste Nummer).

Wenn H. glaubt, dass die Aussicht, den τόδε τι — Charakter des Konkreten auf die Form zurückführen zu müssen, mich von meiner Interpretation gewisser Stellen abbringen würde (S. 12—13), so irrt er sich. Natürlich, woher sonst hat das Konkrete den τόδε τι — Charakter, wenn nicht von der Form? Von der Hyle doch nicht. Die obenerwähnte Antwort H.'s lautet: The only answer to that, would be, I imagine that χωριστόν also involves τόδε τι i. e. it connotes not merely separability, but also definiteness, and actuality both of which ὕλη absolutely lacks! (s. No. 17—19).

Inbezug auf die Frage, ob man im Sinne Aristoteles sagen kann, „das Werden kommt der Materie zu“ verweise ich nochmals auf Bonitz, der mehr sagt: „Als Steresis ist sie (sc die Hyle) ..... dem Vergehen unterworfen“. Verdient B. in diesem Falle gar keine Beachtung? Alle sonstigen Einwände H.'s erledigen sich durch die Beantwortung der letzten: Kann man sagen, dass der Hyle allein (μόνου) das Werden zukommt? Ja, natürlich, weil die Form als solche vom Werden nicht getroffen wird, und das konkrete nur deshalb Gegenstand des Werdens, oder auch der alleinige Gegenstand des Werdens ist, weil es die Hyle in sich enthält. So pflegen sich alle Aristoteliker auszudrücken (s. z. B. Maimuni, Guide III, 8 Anf. u. oft). Ich habe oben in mehr formaler Weise darauf hingewiesen, dass H. zugibt, dass Aristoteles in VII 3,5. 6 die Frage, ob die

Formen der Naturdinge abtrennbar sind, offen lässt: It is clear that Aristotle says, the question of separability of forms is not yet settled, except in so far as artificial things are concerned, where the negative is clear without further discussion. We cannot however argue from artificial ουσίαι to natural ουσίαι, for it is doubtful whether the former are ουσίαι at all. The matter is thus left quite open (S. 29). Jetzt wollen wir die Frage von der sachlichen Seite aufnehmen. Welche Frage lässt Aristoteles offen? Das logische χωριστόν ist gewiss auch auf Kunstdinge anwendbar, wie es ja Aristoteles in seinen Werken stets tut. Aristoteles sagt denn auch, dass es sich um jenes χωρ. handelt, das von der Substanznatur der Dinge abhängt, es handelt sich also um das reale χωρ., und diese Frage lässt Arist. hier offen. Nach H. hat Aristoteles diese Frage schon Metaph. VII, 1,6 negativ entschieden. Und wenn Aristoteles hier diese Frage offen lässt, wo entscheidet er sie? Oder will er die Frage überhaupt nicht entscheiden, warum entscheidet dann H.? Nach meiner Interpretation ist alles harmonisch und klar: In VII, 1, 6 will Aristoteles die Frage meritorisch noch nicht behandeln (s. m. Erw. No. 13), er deutet daher den Unterschied zwischen Natur- und Kunstdingen nur an, in VII, 3,5. 6 geht er auf den Unterschied zwischen Natur- und Kunstdingen (den H. in der Frage nach dem Motiv des Werdens, die er teilweise im Zusammenhange mit unserer Frage behandelt, S. 28, so gänzlich vernachlässigt hat) ausdrücklich ein, um so die Diskussion der Definitionsfrage in den folgenden Kapiteln vorzubereiten, wo er zur Konklusion gelangt, dass nur das Artprinzip das eigentliche Prinzip des Werdens ist und daher den alleinigen Inhalt der eigentlichen Definition ausmacht. Damit ist die Frage entschieden, dass das Artprinzip ein reales χωριστόν ist. Das ist die Bedeutung meiner von H. so perhorreszierten Schlussfolgerung in Klammern: „Die Formen der Naturdinge sind somit abtrennbar und ewig, und darin eben besteht ihre Würde als Substanz", diese Schlussfolgerung ist das Ziel der ganzen Diskussion, daher durfte ich sie ziehen, Aristoteles ist natürlich hier noch nicht so weit — daher in Klammern.

Wenn daher H. schliesst: The reader will agree with me that there was really nothing in this passage to frighten me, and Neumark's proofs are yet forthcoming, so kann ich ihn versichern, dass er dies (und das gilt auch inbezug auf die Frage nach dem Motiv des Werdens) nur von einem solchen freundlichen Leser erwarten kann, der durch die Sache so blind gehen und die Tragweite dieser

Stelle so wenig verstehen würde, wie er selbst (s. noch No. 20). — Als Gegeninstanz zu meiner Behauptung, dass Aristoteles das konkrete Einzelding niemals χωριστόν nennt, zitiert H. (S. 11) Met. Z. 14 p. 1039a 30 = VI, 14, 2, wo Aristoteles den Menschen κεχωρισμένον nennt. Es ist kein Zweifel darüber möglich, dass H. gar keine Ahnung hat, worum es sich in der betreffenden Stelle handelt. In diesem Kapitel widerlegt Aristoteles die Ideenlehre Platos von den zwei von mir klargelegten Gesichtspunkten aus (s. No. 36). Also, es handelt sich hier erstens um die Ansicht Platos und nicht um die des Aristoteles und zweitens nicht um den Menschen als konkretes Einzelding, sondern eben um ἄνθρωπος αὐτὸς καθ' αὑτόν, d. h. um den nach Plato wirklich getrennt existierenden Menschen in der Idee! Fürwahr, hätte das H. nicht bereits so oft getan (wie er es auch im folgenden tut), dieses Argument allein genügte, ihn für die Diskussion philosophischer Fragen zu disqualifizieren! Von meiner Interpretation von Metaph. VII, 3, 5, dass Aristoteles sagt, „dass das Einzelding nur deshalb den Ousia-Charakter besitzt, weil es das εἶδος, das eigentliche χωριστόν in sich birgt", sagt H. (S. 11—12): may be ingenious, but is not true. Danke für das Kompliment, aber es ist hier nicht verdient, weil es Aristoteles einige Sätze vorher ausdrücklich sagt, VI, 3, 2: Sodass, wenn das Eidos früher und in höherem Grade On ist, als die Hyle, so muss auch das aus beiden früher sein, aus demselben Grunde (nach der lat. Uebersetzung; verstehen wir aber die Stelle nach unserem Texte: τοῦ als gen. comp., so kommt dieser Gedanke noch stärker heraus: Das εἶδος für sich ist in höherem Grade On als das Einzelding, weil die Vereinigung mit der Hyle den Ousia-Charakter des εἶδος herabdrückt!). Es muss also doch wahr sein (s. m. Erw. S. 322—323). — Zu meiner Uebersetzung von Metaph. V, 1, 3 (m. Buch S. 320, m. Erw. No. 13a S. 317) zitiert H. (S. 27) Bonitz und fügt hinzu: „Quidem" is the very opposite of „nur". It means rather „zwar". H. arbeitet wieder in „Philologie", er zeigt aber nur, dass er Deutsch ebensowenig versteht, wie Griechisch oder Lateinisch. In dem Satze: Die Naturwissenschaft betrifft das Wahrhaft-Seiende meist nur dem Begriffe nach, aber nicht als ein getrennt Seiendes, kann das Wort „nur" durch das Wort „zwar" ersetzt werden, es würde bloss (wegen des vorhergehenden „meist") etwas uneben sein. Das Wort „quidem" ferner bei Bonitz ist weder „zwar" noch „nur", sondern eine Wiedergabe des ὡς ἐπὶ πολύ, mein „nur" ist im griechischen μόνον und im lateinischen „sed" enthalten, das eine wie das andere Wort gibt man in unserem Falle am adäquatesten dadurch wieder, indem man es in „nur — aber“ auflöst. Bonitz meint dasselbe, was ich sage, selbst wenn man quidem als „zwar“ auffasst. Es ist entweder Unwissenheit, oder ein Ueberrumpelungsversuch, Bonitz gegen mich anzuführen. Hätte H. Bonitz früher gekannt, so hätte er seine „Kritik“ meiner Wiedergabe unterlassen. Was H. zu meinem Zitat aus Physik II, 1, 12, sagt, beruht auf mangelhaftem Verständnis der Frage. Ich spreche nicht von einer „ousia which is only κ. τ. λόγον“ sondern nur davon, „dass die Physik, wenn sie über οὐ. κ. τ. λ. handelt, dies im allgemeinen nur inbezug auf das eine Moment, nämlich „dem Begriffe nach“, aber nicht auch inbezug auf das andere, „getrennt seiend“, tut (m. Erw. S. 317). Das heisst: Die Physik interessiert sich nur für logische Abstraktionen, aber nicht für reale Entitäten. Die Naturwissenschaft interessiert sich eben nicht für οὐ. κ. τ. λ. als die höchte οὐσία, dies überlässt sie der Metaphysik. Bonitz sagt: sed per eam formam etc. — das „eam“ hat nur einen Sinn, wenn die Metaphysik mit einer Form zu tun hat, die eben im Gegensatz zu der der Physik als χωριστόν angesehen wird. Es genügt eben nicht, Bonitz eine genügende Note zu geben (Bonitz renders the passage correctly!), man muss ihn auch verstehen.

Und auch hier ist zu bemerken, dass H. gegen wichtige, gegen ihn in meiner Erwiderung erhobene Vorwürfe nichts vorzubringen weiss und daher schweigt. Es bleiben somit bestehen: Arg. 4 (Erw. S. 288): nach H. müsste das Konkrete Gegenstand der Metaphysik sein. Er unterlässt es, sich mit dem Schlusse des behandelten Satzes auseinanderzusetzen, was literarisch unzulässig ist (er trägt es hier nach — s. oben). Er missversteht die Interpreten, das wiederholt er hier, ohne sich mit den schon dort angeführten Gegeninstanzen (S. 289—290) auseinanderzusetzen (s. oben zur Stelle: all comm. agree). Wie gesagt, alles ist falsch und irreführend in dieser „Erwiderung“, auch der Name!

14. Siehe No. 10.

15. (H.'s Erw. S. 15.) In seiner „Kritik“ S. 452 zitiert H. Phys. I, 8, 8 als Beispiel dafür, dass Aristoteles auch in der Physik den Unterschied zwischen Potenzialität und Aktualität macht. Darauf antworte ich in m. Erw., dass dies allerdings der Fall ist, dass aber Aristoteles in der angeführten Stelle eben ausdrücklich sagt, dass diese Unterscheidung nicht in die Physik, sondern in die Metaphysik gehört, wo dieser Gegenstand gründlich diskutiert wird, und

dass diese Stelle in m. Buche (S. 373—376 und 378—79) als Beweis dafür angeführt wird, dass wir es in Aristoteles nicht nur objektiv, sondern auch subjektiv mit zwei verschiedenen Standpunkten zu tun haben. Wenn nun H. in seiner Erw. dies wieder mit Totschweigen abtut, so kann ich nur das wiederholen, was ich in m. Erw. gesagt: „Das ist doch eine ganz unglaubliche Verwilderung aller Elementarbegriffe von wissenschaftlichem Ernst und literarischer Wohlanständigkeit!"

Das einzige, was H. hier vorzubringen weiss als Beweis dafür, dass Aristoteles auch in der Metaphysik zwischen Aktualität und Potenzialität unterscheidet, ist die Stelle in Physik III, p. 202 b 7 = 2, 5: διὸ ἡ κίνησις ἐντελέχεια τοῦ κινητοῦ, ᾗ κινητόν. Das scheint die still siegesbewusste Antwort auf meine Bemerkung zu sein, dass H. diese Unterscheidung mehr als ein Mal gefunden hätte, wenn er nur mein Buch aufmerksam gelesen hätte. Nun zunächst dies: die von H. zitierte Stelle würde in keinem Falle etwas beweisen, da Aristoteles den Begriff der Entelechie, auch nach meiner Interpretation, auch in der Physik lehrt (vgl. m. B. S. 306, 3). Nur der Unterschied zwischen ἐνεργείᾳ und δυνάμει kommt hier in Betracht. H. hätte somit jene Stellen in dieser Diskussion zitieren müssen, in welcher Aristoteles diese Unterscheidung ausdrücklich auch für die Physik begründet. Aber die Sache liegt wieder viel ernster: Wenn H., statt m. Buch, voreilig und vorlaut genug, zu kritisieren, es (und nunmehr auch meine Erwid.) lieber aufmerksam gelesen hätte, so würde er gewusst haben, dass man darauf achten muss, „die akzidentelle Dynamis nicht mit der substanziellen zu verwechseln, nur letztere allein macht den spezifischen Standpunkt der Metaphysik aus" (m. Erw. No. 6, S. 276 zitiert aus m. B. S. 378; vgl. ibid. S. 292 u. vielfach). Damit ist es also wieder nichts: Bewegung oder Bewegungskapazität ist keine Substanz, sondern ein Akzidenz!

16. Siehe Einleitung.

17. Es handelt sich um die Stelle Phys. I, 7, 13. In seiner „Kritik" verweist H. auf Bonitz' Konjektur, indem er unsere Stelle als the evidently corrupt passage (S. 459) bezeichnet. An einer anderen Stelle (S. 462) wieder sagt er, dass er Bonitz in dieser Konjektur folgt: and in general ὕλη ἡ ἀρρύθμιστος (following Bonitz). Jetzt aber sagt er (S. 15), dass um meine Uebersetzung zu widerlegen, man nicht erst Bonitz' Konjektur annehmen müsse. Das für sich muss zwar noch nicht heissen, dass er Bonitz' Konjektur wirklich verwirft, aber indem er im folgenden eine nach seiner Ansicht annehmbare

Erklärung der Stelle anbietet und sich dabei auf Simplicius, Philoponus und Themistius beruft, ohne anzugeben, warum er trotzdem Bonitz folgt, so hat er jetzt seinen „Standpunkt" gewechselt, ohne es ausdrücklich zu bemerken und offenbar, ohne es selbst zu wissen, d. h. ohne das, was er früher geschrieben hat, jetzt ordentlich gelesen zu haben! Kann man mit H. ernstlich diskutieren? Er ist einfach souverain unverantwortlich! Auf meine Argumente gegen Bonitz's Konjektur einzugehen lehnt er ab, offenbar weil er diese Konjektur jetzt verwirft. Meine Argumente bleiben aber trotzdem bestehen. Die Erklärung der Stelle, die H. anbietet, ist unmöglich. 1. Aristoteles kann hier nicht sagen, dass die Hyle ist mehr Dieses als die Steresis, weil er die Steresis erst im folgenden einführen wird. 2. Aristoteles würde eben sagen: „eher als die Steresis", er sagt aber bloss „eher" also muss sich das „eher" auf etwas im vorangehenden beziehen. 3. H. sagt noch gegen meine Uebersetzung, er hätte niemals gehört, that γάρ means „aber" — γάρ heisst aber auch „sicherlich", in welchem Sinne auch das Wort „aber" gebraucht wird. 4. Zum Widerspruch, in den H. Aristoteles hier verwickelt, da er anderswo sagt, dass die Hyle nicht ein Dieses ist, sagt H., dass Aristoteles die Hyle bloss im Verhältnis zur Steresis which is an absolute negation ein Dieses nennt. Dagegen ist anzuführen: H. sagte oben, dass es eine positive Steresis gibt (S. 9) und dann (S. 14) inbezug auf τόδε τι which ὕλη absolutely lacks. Es verhält sich also nach ihm umgekehrt: Die positive Steresis ist gewiss mehr „Dieses" als die Hyle! 5. Nach dieser Uebersetzung begründet Aristoteles nur die Einheit der Hyle, nicht aber auch deren Zweiheit, was er aber begründen wollte. 6. Wenn Simplicius dasselbe sagte, was H., würde das nichts beweisen. Wenn meine Gründe gut sind gegen H., so sind sie es auch gegen Simplicius. 7. Es ist aber nicht wahr, dass Simplicius hier das bestätigt, was H. über die Stelle sagt. Ich habe den Simplicius nicht zur Hand, aber soweit ich aus dem abgekürzten Zitat bei H. ersehen kann, sagt zwar Simplicius, dass Aristoteles das erläutern will, was die Hyle mit der Steresis gemeinsam hat, und was sie von ihr unterscheidet (vgl. No. 24—26: Simplicius fasst hier die Stelle zusammen und spricht von den Gegensätzen als von Steresis — nach der endgiltigen Benennung), aber es ist nicht wahr, dass er hier die Hyle für τόδε τι im Verhältnis zur Steresis erklärt (viell. bezieht sich διαφορά auf 16). Er sagt vielmehr: Die Hyle, insofern sie von der Steresis behaftet ist und mit ihr zusammen als ὑποκ.

betrachtet wird, zählt eins, insofern sie aber einen Bestandteil des Konkreten ausmacht, und daher ein τόδε τι ist, ist sie ein eigentlich zählbares, daher εἴδει zwei, d. h. eins und eins sind zwei! Das ist der Sinn der Stelle bis κυρίως. Damit hat Simplicius bereits die ganze Stelle erledigt. Was noch folgt, ist eine Bemerkung Simplicius', wie das zu verstehen ist, dass Aristoteles das konkrete Ding, wie Mensch (als ὑποκ. des gebildeten Menschen) und Gold (als ὑποκ. goldener Gefässe) in einem Zuge mit der Urhyle nennt: Das ist so zu verstehen: Mensch und Gold sind schlechthin zählbar und τόδε τι. Da aber Aristoteles auch die Urhyle zusammen mit diesen Dingen nannte, die Urhyle aber nicht in demselben Grade zählbar und τόδε τι ist, wie der Mensch, da sie ja ohne Form nicht wahrnehmbar ist, „deshalb fügte er dem τόδε γὰρ τι das μᾶλλον hinzu". Denn die (Ur-)Hyle ist nicht schlechthin ein τόδε τι, sondern nur insofern sie im Konkreten am τόδε τι Charakter teilnimmt. Es ist nun klar, dass Simplicius das τόδε τι nicht nur auf Hyle, sondern auch auf Mensch und Gold bezieht: „τόδε τι ist übrigens nach meiner Interpretation kein vollständig neues Subjekt, sondern es setzt die drei koordinierten Subjekte nochmals, als τόδε τι" (m. Erw. S. 295). Nach Simplicius ist ferner der Satz τόδε γάρ τι keine Begründung des vorhergehenden (wie H. sagt), sondern eine Ausführung des angefangenen Beweises, wie wir es zu verstehen haben, dass Mensch und Gold und Hyle in einem gewissen Sinne zwei sind. Er nimmt also γάρ hier in einem ähnlichen Sinne, wie ich. Das zweite γάρ ist bei Simplicius durch den Gegensatz μέν—δέ wiedergegeben! Die Uebersetzung der Stelle nach Simplicius würde lauten: „(sie, d. h. Mensch, Gold und Urhyle sind) aber (auch noch als) τόδε τι (ἀριθμητά) (d. h. sie erscheinen im τόδε τι und daher nochmals zählbar)". So würde Simplicius übersetzen, wenn das μᾶλλον nicht dabei wäre. Die Begründung des Satzes von der Einheit und Zweiheit wäre hierdurch erledigt. Allein danach würden Mensch und Gold auf derselben Stufe erscheinen, wie Urhyle. Deshalb sagt Simplicius, fügt Arist. das sonst überflüssige μᾶλλον hinzu: Im Konkreten sind Mensch, Gold und Hyle in noch höherem Masse (μᾶλλον = κυρίως) ἀριθμητά als für sich. Dadurch eben, durch die Hervorhebung des höheren Ranges der Eins als τόδε τι denn als ὑποκ. des τόδε τι, hat Aristoteles angezeigt, dass die Urhyle nicht in demselben Masse ein τόδε τι ist, wie Mensch und Gold, da die letzteren auch früher schon ein Konkretes, also ein τόδε τι waren, bevor sie in das höher geformte Konkrete als ὑποκ eingetreten sind. Die

Uebersetzung Simplicius ist verschieden von der meinigen, kommt aber auf dasselbe hinaus. Meine Uebersetzung ist einfacher und daher richtig. Wenn H. Simplicius für sich in Anspruch nimmt, so beweist er damit bloss, dass er die Stelle nicht verstanden hat. Philop. u. Them. teilen wahrscheinlich dasselbe Los, und der freundliche Leser würde besser tun, nicht H.'s Wort dafür zu nehmen, dass sie mit Simplicius in H.'s „Interpretation" übereinstimmen. H. sieht überhaupt nicht, was vorgeht: Simplicius kämpft hier mit denselben Schwierigkeiten wie Bonitz, daher die gezwungene Uebersetzung und Erklärung. Nach meiner Auffassung des Aristotelischen Standpunkts in der Physik gibt es keine Schwierigkeit (s. m. Erw.), weshalb meine Uebersetzung, wonach die Urhyle als ὑποκ. des Einzeldings (nicht die Urhyle im Allgemeinen) Mensch und Gold als ὑποκ. gleichgesetzt wird, keine Schwiergkeit hat (s. nächste Nummer).

18. Hier handelt es sich um die Stelle Phys. I, 7, 16, inbezug auf deren Wiedergabe in meinem Buche H. ein Geschütz von Kindergarten-Philologie (πρός = zu) aufgeführt hat. In meiner Erwiderung wies ich nun nach, dass H. nicht einmal in der Lage war, zu sehen, welche Sätze Aristoteles meiner Paraphrase zu Grunde liegen, und dass ich hier von den Interpreten insofern abweiche, als ich hier den von ihnen übersehenen Metaxü-Gesichtspunkt zur Geltung bringe. Dagegen hat H. nichts als wüste, impertinente, unanständige Redensarten vorzubringen (S. 16—21). Er lehnt es ab, auf diese Frage einzugehen, und appelliert wieder einmal an den freundlichen Leser. Er zitiert wieder die Alten, um zu beweisen, dass sie den Metaxü-Gesichtspunkt übersehen haben, was natürlich ganz überflüssig ist, da ich das oft von den Alten und den Modernen nachgewiesen habe. Es gibt dabei noch andere, nebensächliche Punkte, in denen H. die zitierten Stellen mehr sagen lässt, als sie sagen, aber wozu darauf eingehen, wenn ich in der Hauptsache zugebe, dass ich von allen Interpreten abweiche? H. hätte sich die griechischen Zitate ersparen können.

Ich habe ferner darauf hingewiesen, dass H. nicht wusste, was ein Analogieschluss ist, dass der Schlusssatz stets eine Hypothese ist, und dass eine Hypothese mit einem hypothetischen Schlusse nicht identisch ist. Gegen das letztere hat H. nichts vorzubringen, gegen die ersten zwei Vorwürfe bringt er ein paar kindische Belanglosigkeiten über die ursprüngliche Bedeutung von ἀναλογία vor. Wenn aber H. auf Grund dieser Belanglosigkeiten zur Schlussfolgerung kommt, that the ἀναλογία is not an argument (S. 19 unten), so erbringt er hierdurch, sowie besonders durch den früheren Satz: Now ἀναλογία is not strictly speaking a logical term at all. It is sufficient proof of this that the Organon of Aristotle has no discussion of ἀναλογία (S. 18), den überflüssigen Beweis, dass er Aristoteles Schriften niemals studiert hat und nur vom Index lebt. Aristoteles behandelt ausführlich die Induktion, die ἐπαγωγή, die das Prinzip der Analogie darstellt, wie ja überhaupt eine jede Induktion im Grunde eine Analogie ist, und ein jeder Induktionsschluss (entwickelte Induktion) ein Analogieschluss (entwickelte Analogie) ist. Die Hauptstellen für diesen Gegenstand sind: Anal. Pr. II, Kap. 25 (23); auch die Kap. 26—30 behandeln Fragen, die für Analogieschlüsse wichtig sind; Anal. Post. I, 1, 3f. wozu zu vgl. Topik I, 10 (12), bes. 10, 5 und VIII, K. 7, wo die Identität von Epagoge und Analogie besonders deutlich erscheint; das gilt auch von Rhet. II, 20, 2: Das παράδειγμα ist gleich der Epagoge, ἡ δ' ἐπαγωγή ἀρχή. Diese Stellen für sich stellen schon die Diskussion des Analogieschlusses dar, aber Aristoteles formuliert auch direkt das Prinzip des Analogieschlusses mit aller wünschenswerten Deutlichkeit in Anal. Post. II, 14 (16), 8 Schluss: τὰ δὲ κατ' ἀναλογίαν τὰ αὐτὰ καὶ τὸ μέσον ἕξει κατ' ἀναλογίαν. Die durch Analogie einander gleichen Dinge haben auch das Mittlere durch Analogie (mit einander gemein): Die Tatsachen, welche die Analogie ausmachen, führen zu Schlussfolgerungen, durch welche wir ein gewisses, bei einem sicher vorhandenes Moment als medium comparationis einführen und daher als auch beim anderen vorhanden annehmen. Es ist dies genau das Prinzip, das unserer Stelle zu Grunde liegt.

Wie weit geht doch die Unwissenheit dieses „Aristotelikers". Selbst in der von ihm zitierten Stelle der Metaph. VIII, 6, p. 1048a 31 s. = 6, 1, 3, wo Aristoteles allerdings nur von einer unentwickelten Analogie zum Zwecke der Beschreibung des sonst schwer definierbaren Begriffes der Dynamis spricht, gebraucht er die Worte ἐπαγωγή und ἀνάλογον als gleichbedeutend. Wenn nun H. aus dieser Stelle den Schluss zieht, dass es nach Aristoteles keinen Analogieschluss gibt, so könnte er mit demselben Rechte schliessen, dass es nach Aristoteles keinen Induktionsschluss gibt! H. leugnet die Existenz des Analogieschlusses bei Aristoteles auf Grund eines lächerlich falschen Analogieschlusses: Da Aristoteles in der zitierten Metaphysik-Stelle davon nicht spricht, so tut er das nirgends, Oder: Da H. davon nichts weiss, so weiss niemand davon — es existiert nicht!

Die Verzweiflung H.'s in dieser Nummer geht so weit, dass er sich zu den unglaublichsten Frechheiten gegen mich und zu den verwerflichsten nicht nur, sondern auch zu den lächerlichsten Versuchen, den Leser irrezuführen, verleiten lässt. Meine Ausführungen S. 295—304 tut er (S. 16) mit den Worten ab: is too sad a piece of writing to deserve refutation or comment. Das nimmt sich ein Mann heraus, dessen ganze „literarische" Tätigkeit an diese meine Ausführungen nicht heranreicht, dessen „philosophische" Schriftstellerei darin besteht, auf dem von mir wohl bebauten Grunde, seit dem Erscheinen des ersten Bandes meines Buches über die jüdische Philosophie, eine jämmerliche Parasitenexistenz zu führen! Von meinen Argumenten gegen ihn, sagt er (S. 18): Any intelligent reader can answer them — mit diesen lächerlichen Worten entzieht er sich der Verantwortung — H. sorgt nur für den intelligent reader, lehnt es aber ab, für Leser seiner eigenen Art zu sorgen. Um einen Schein von Antwort zu erwecken liest er in Aristoteles definite οὐσία (21), wo nichts davon im Texte vorhanden ist, vielmehr beide Male in gleichem Masse οὐσία; er verwickelt also Aristoteles in Widerspruch.

Gegen meine Behauptung, dass Aristoteles das konkrete Einzelding niemals τὸ ὄν nennt, zitiert H. de anima III, 8, wo Aristoteles sagt, dass τὰ ὄντα entweder αἰσθητά oder νοητά sind. Nicht einmal αἰσθητον ὄν würde etwas beweisen, es handelt sich um τὸ ὄν schlechthin! (s. Metaphys. VI, 2, 3, und oben Nr. 13). Da er sachlich nichts zu antworten weiss, versucht er, in meinem Satze: „H. fällt über seine eigenen Beine" — statt H. „Simplicius" zu setzen. Ich habe aber in meiner Erwiderung nachgewiesen, dass dies nicht der Fall ist. Nach keinem der Interpreten ist der Analogieschluss in 8, 16 erledigt. Das ist eine bewusste Irreführung des Lesers. — H. (S. 16) bittet mich um Entschuldigung dafür, dass er mir zu Unrecht eine unmögliche Lesart zugeschrieben hat. Ich nehme daher den Vorwurf der wissentlichen Unwahrheit zurück. Zu seiner Entschuldigung: I cannot now remember how it happened, will ich jedoch bemerken, dass ich ihm das sagen kann: Er ging an die „Kritik" meines Buches ganz unvorbereitet heran, und da kann so manch unberechenbares passieren!

19. Hier machte ich H. folgende Vorwürfe: 1. H. leugnet, dass Aristoteles in den von mir herangezogenen Stellen der Physik und Metaphysik die Frage des Individuationsprinzips behandelt. Ich fragte ihn: wo sonst behandelt Aristoteles dieses Problem, oder behandelt er es überhaupt nicht? Er antwortet (S. 26): I did not consider it my duty to tell Neumark or any one else where Aristotle

discusses the principle of individuation, or whether he discusses it at all! (H. dachte wohl noch nicht daran, was er S. 65 schreiben wird!) 2. H. kannte nicht den Inhalt der ersten vier Kapitel des ersten Buches der Physik, als er den Satz niederschrieb, dass Aristoteles die Frage nach der Möglichkeit des Werdens vor Kap. 8 nicht einmal berührt, da diese Frage in den ersten vier Kapiteln behandelt wird. Ausserdem wies ich darauf hin, dass H. sich selbst widerspricht, da er oben (No. 10, S. 450) sagte, dass die Kap. 6 u. 7 mit der Frage that there is .... change beschäftigt sind. Auf diesen letzteren Vorwurf antwortet H. nicht (S. 21—27). Dass er den Inhalt der Kapitel 1—4 im Zusammenhang mit der „Kritik" meines Buches nicht gelesen hat, gibt er verschämt zu! Er versucht es zwar, die Sache so zu pressen, als ob es sich nur um Kap. 7 handelt, aber das ist kindisch. Aristoteles behandelt die Frage in 1—4, beginnt Kap. 5 mit dieser Frage, nimmt sie dann anfangs 8 wieder auf — welchen Sinn hat es da, davon zu sprechen, ob er diese Frage ausdrücklich in Kap. 7 behandelt. Kein Mensch wird es H. glauben, dass seine Worte (S. 453): is not touched on till next chapter nur Kap. 7 ausschliessen wollten! H. weiss also, was für mich aus seiner Unkenntnis der Kap. 1—4 herauskommt, gegen seine falsche Aussage (S. 23): die ganze Diskussion in I, 1—9 ist die Diskussion der Frage nach der Möglichkeit des Werdens, somit auch Kap. 7! Dann aber ist dies ein Beweis dafür, dass H. für die Kritik meines Buches disqualifiziert ist. Ausserdem habe ich (Erw. S. 305) auf das μοναχῶς οὕτω auf. Kap. 8 hingewiesen, das allein für sich schon besagt, dass Kap. 7 die Frage der Alten behandelt. Aber H. verschweigt dieses Argument! 3. H. schrieb mir die Auffassung zu, dass die Alten die Vielheit ohne Rücksicht auf das Werden geleugnet. Dagegen zitierte ich S. 301—302, wo ich ausdrücklich das Gegenteil behaupte. Jetzt zitiert er aus meinem Buche S. 309: „Wir befinden uns also in einem Dilemna, entweder gibt es keine Vielheit, also auch keine Möglichkeit des Werdens ..... 311—12: Die Annahme der Alten, es gäbe überhaupt keine Vielheit, ist damit widerlegt ..... Da aber nachgewiesen wurde, dass schon das Sein an sich, auch abgesehen vom Werden, als ein Doppelwesen sich kundgibt ...", und dreht die Sache dann so, dass er mir an inversion of the order of the question vorgeworfen hat (S. 22—23). Das ist einfach nicht wahr. H. hat mir nur vorgeworfen, dass nach mir die Alten die Vielheit ohne Rücksicht auf das Werden geleugnet haben.

Das ist in den hier zitierten Sätzen nicht enthalten. Im Gegenteil, diese Partie leite ich mit dem von H. unterdrückten Satze ein: „Mit der Einbeziehung des Definitionsproblems in die Diskussion zielt Aristoteles gegen die Konsequenz der alten Philosophen, welche die Vielheit der Dinge leugneten" (S. 309). Also auch hier sage ich, dass die Alten die Vielheit der Dinge nur als Konsequenz (aus der Leugnung des Werdens) aufstellten. Ich sage bloss, dass Aristoteles durch den Nachweis der Vielheit auch die Möglichkeit des Werdens sichert. Das ist natürlich eine Umkehrung, aber eine berechtigte Umkehrung. Die Leugnung des Werdens und die Leugnung der Vielheit sind zwei verschiedene Bezeichnungen für ein und dasselbe, die Lehre vom alleinen Sein der Eleaten, von zwei verschiedenen Gesichtspunkten. Die Eleaten haben mit dem Werden angefangen. Wer ihnen aber beweisen kann, dass es im Sein mehr als ein Alleines gibt, der zwingt sie, die Leugnung des Werdens aufzugeben: Die Negierung des Alleinen bedeutet schon an sich Werden, ebenso wie die Negierung des Werdens das Sein des Alleinen bedeutet. H. ist wieder sehr mangelhaft orientiert und in seiner Verzweiflung wechselt er wieder das Streitobjekt gegen besseres Wissen und Gewissen. 4. Ich machte H. den Vorwurf, dass er die Stellen, in denen Aristoteles sein Interesse mit der Frage der Einheit oder Zweiheit und der Definition zeigt, systematisch unterdrückt, und das Interesse an diesen beiden Fragen in Abrede gestellt. Jetzt (S. 24—26) lässt nun H. die Frage der Einheit und Zweiheit gänzlich fallen, er gibt also das Interesse Aristoteles daran nunmehr schweigend zu. Inbezug auf die Definitionsfrage besteht er auf seiner Ansicht und sucht die von mir zitierten Stellen wegzuinterpretieren. Nehmen wir an, es wäre möglich, dieses Interesse wegzuinterpretieren, es genügte ja die Möglichkeit, sie in meinem Sinne zu interpretieren. Da nämlich Aristoteles die Definitionsfrage zusammen mit der Frage des Werdens in der Metaphysik behandelt, so ist es ja von vornherein sehr wahrscheinlich, dass er es auch hier tut. Die Interpretation H.'s ist aber auch unmöglich. H. gebraucht „description" statt „definition" (S. 26) und glaubt damit etwas erreicht zu haben. Aber description hier ist ein falsches Verlegenheitswort: Simplicius, sonst eine entscheidende Autorität, ändert das von Aristoteles gebrauchte λόγους in ὁρισμούς (zitiert m. Erw. Nr. 24 S. 397) ὁρισμός heisst Definition, da gibt es kein Verdrehen. Auch die lateinische Uebersetzung hat definitiones.

5. Anstelle der Einheits- und Zweiheitsfrage, die er aufgegeben hat, behandelt H. (S. 24 -27) die Frage nach dem Individuationsprinzip zusammen mit der Definitionsfrage. Ich habe die Stelle für die Individuationsfrage nur zur Aufklärung des Widerspruchs zwischen 13 u. 16 in Kap. 7 herangezogen, habe aber nicht behauptet, dass Aristoteles hier die Individuationsfrage direkt behandelt (nebenbei: auf meinen Vorwurf in No. 18, dass H. von zwei Widersprüchen spricht, wo in Wahrheit nur einer vorliegt, und dass er nicht berechtigt war, zu sagen, dass ich den anderen Widerspruch nicht gesehen habe, bleibt H. die Antwort schuldig). H. gibt hier (S. 26) eine ziemlich gute Beschreibung des Problems des Individuationsprinzips. Es soll ihm die Anerkennung nicht versagt werden, dass er meine diesbezüglichen Ausführungen in No. 36 m. Erw. verstanden hat. Dort wurde nachgewiesen (s. diese Nummer w. u.), dass er dies zur Zeit der Abfassung der „Kritik" nicht gewusst hat. 6. Gegen meinen Nachweis, dass nach allen Interpreten (selbst nach H.!) ein Widerspruch zwischen 13 u. 16 besteht, versichert H., dass dies nicht der Fall ist. Der freundliche Leser ist schon gewöhnt, H.'s Wort „dafür zu nehmen", und so wird er es wohl auch diesmal tun! (No. 11ª u. 13ª sind mit 11, resp. 13 behandelt worden).

20. Hier werfe ich H. vor, dass er es unterlassen hat, „auf meine Darstellung der Diskussion dieser Probleme in der Metaphysik, wo es jedem Leser sofort klar wird, dass meine Interpretation des Aristoteles die einzig richtige ist, einzugehen." Ich sage dann, dass ich auf diese Ausführungen nur hinweisen kann, und mache nur auf eine Stelle, Metaph. VII, 3, 4—6, besonders aufmerksam, die ich S. 351—352 m. B. behandle. H. knüpft S. 27 nun nur an die letztere Stelle an (seine diesbezüglichen Ausführungen (S. 28—29) sind oben No. 10, resp. 13 erledigt worden), verschweigt aber, dass es sich um die Diskussion der gesamten Metaphysik handelt. Statt so viel überflüssige Zitate auszuschreiben, hätte H. lieber sich an dieser Aufgabe versuchen sollen. Ich kann nur wiederholen: Es soll H. das Recht auf die Flucht nicht benommen werden. Wir gehen daher zum eigentlichen Gegenstand dieser Nummer über (H.'s Erw. S. 30—36): Gehen wir gleich auf die Hauptfrage ein: Sagt Aristoteles in diesem Kapitel, dass Werden κατὰ φθοράν παρὰ φύσιν und dieses nur eine Funktion κατὰ συμβεβηκός ist, sodass der Prozess π. φ. nur im uneigentlichen Sinne widernatürlich ist, oder nicht? H. stellte das mit der Treffsicherheit eines Stammgasts ganz entschieden in Abrede. Nun aber jetzt: Nach vielem verworrenem und

und verwirrendem Gerede (30—34) sagt er (35): Now let us see on whose side the commentators are. Er zitiert dann Alexander (von dem er zugibt, dass er in a minor matter nicht mit ihm geht) und Bonitz, dann fährt er fort: Now the reader will see that both Alexander and Bonitz understand the solution of the second ἀπορία to be that it is not the wine and the living, but water and the ὕλη of the living respectively, that are the ὕλη of vinegar and the dead. The difference between them is that they seem to take κατὰ συμβεβηκός in different senses. Bonitz seems t o i d e n t i f y t h e t h r e e t e r m s παρὰ φύσιν, κατὰ συμβεβηκός, and κατὰ φθοράν, which he contrasts with γένεσις ἁπλῆ or πρὸ ὁδοῦ (was ich ebenfalls tue, s. m. Erw. S. 320, letzte Zeile: ἀλλὰ κατὰ συμβεβηκος αἱ φθοραί! also alle Bewegungen, die nicht πρὸ ὁδοῦ sind, 4,12, m. B. S. 353"). . . . . Dann S. 36: This interpretation differing as it does in detail from Neumark's, because it takes account of the words of the text and renders them accurately (Beweis wird nicht nachgesehen!), is closer to his in a part of it than is that of Alexander. Mit anderen Worten, H. gibt verschämt zu, dass in dieser H a u p t f r a g e, in der er meine Interpretation mit so entschiedener „philologischer" Autorität ablehnte, Bonitz auf meiner Seite ist. Aber er presst hier und weiterhin (S. 36—37 u. Anm.) den Punkt, dass Arist. zur Lösung gelangt, dass es nicht der Wein, sondern die H y l e des Weines ist, welche die Hyle des Essigs wird. Aber die U n t e r s t e l l u n g, dass ich das leugne, oder auch nur übersehen habe, hat bereits H. folgende Zurückweisung (m. Erw. S. 319) zugezogen: „Und was soll der Satz (S. 460): N. does not see that Arist. does admit that water is δυνάμει vinegar and ὕλη of it angesichts meiner Worte (358): „Die H y l e des Lebenden ist in der Tat dem Verderben nach das Vermögen und die Hyle des Toten, e b e n s o das Wasser dem Verderben nach Hyle und Vermögen des Essigs" heissen? Man glaubt eine somnambulistische Rede zu hören. H. hat diesen Satz eben zitiert!" Meine Interpretation deckt sich also in diesem Hauptpunkte v o l l s t ä n d i g mit der Bonitz', für die Abweichung in Texteinzelheiten ist H. den Beweis schuldig geblieben. Es ist dies auch eine b e w u s s t e Unwahrheit, H. hätte es sonst nachgewiesen. H. (in Forts. der oben zit. St. S. 35) sagt ferner: According to him (B.) there is a d o u b l e r e a s o n why οἶνος is not ὕλη of ὄξος, first, because wine is not completed or perfected by becoming vinegar and secondly because it is not the wine anyway that becomes vinegar, but the ὕλη of the wine viz. water. And the water, too, since it is ὕλη of vinegar κατὰ φθοράν is its ὕλη κατὰ συμβεβηκός only, and not καθ' αὑτό, as would be its relation to wine. According to Bonitz then the sense of the two ἀπορίαι would be somewhat similar to the discussion in the fourth chapter, especially 1044 a 23 (die oben anged. Stelle), διχῶς γὰρ τόδ' ἐκ τοῦδε, ἢ ὅτι πρὸ ὁδοῦ ἔσται κτλ. . . . " Ich will von dem gewundenen Stil hier absehen, er hilft H. so wie so nichts. Aber es ist unverständig, zu sagen, dass es sich um a double reason handelt — Nein, „neque quim" ist nicht ein neuer Grund, sondern nur eine nähere Erklärung: die Betonung der Hyle hat nur den Zweck, die Diskussion darauf zurückzubringen, von wo Aristoteles ausgegangen ist: Wie verhält sich die Hyle zu den beiden Gegensatzpaaren? Ist sie indifferent oder nicht? Diese Frage ist in Kap. 4 nur vorbereitet, aber noch nicht behandelt worden. Aristoteles bringt daher die Diskussion zurück zur Hyle, um zu sagen, dass die Hyle nicht indifferent ist, dass es nur e i n wirkliches Werden gibt, nämlich das πρὸς ὁδοῦ. Damit ist auch ein anderer Punkt erledigt, den H. so sehr presst. Er macht mir den Vorwurf, dass ich beide Aporieen in e i n e verschmelze. Ich habe schon in meiner Erwiderung darauf hingewiesen, dass ich bloss die zweite Aporie als die „Z u s p i t z u n g" (m. B. S. 358) der ersten betrachte. H. begeht daher eine w i s s e n t l i c h e Unwahrheit, wenn er immer wieder betont, dass ich in diesem Punkte von den Interpreten abweiche. Der Zusammenhang der beiden Aporieen versteht sich von selbst, und für Bonitz hat es H. hier ausdrücklich zugegeben, aber er ist so konfus, es nicht zu wissen. Nun, was ist die Stellung A l e x a n d e r s in dieser Frage? In seiner Verzweiflung über seine blossgestellte Unwissenheit stellt H. einen Gegensatz zwischen Alexander und Bonitz auf, aber H. sagte oben: Bonitz is the best modern commentary an the Metaph., but he could not have written it if Alexander had not written his, and as a matter of fact he agrees with Alexander almost throughout, except in small details (S. 4). Hier handelt es sich aber um den H a u p t i n h a l t des Kapitels, wofür mich H. angegriffen hat. Wenn Bonitz Alexander widerspricht, warum erwähnt er das nicht? Aber, er widerspricht ihm keineswegs. Alexander sagt g e n a u dasselbe. Die Sätze Bonitz: Quod autem—ex potiore etc. und neque enim . . . . . perficitur vel consummatur vinum eo quod inde acetum fit, sind nur eine nähere Ausführung des Satzes bei Alexander: ἀλλὰ κατὰ συμβεβηκὸς αἱ φθοραί (λέγων φθορὰς τὰ χείρονα εἴδη, ἃ τῆς πρὸς αὐτὰ ὁδοῦ ὕλην ἔχουσι τὰ κρείττονα τῶν εἰδῶν) (Nebenbei: H. kann daraus ersehen, dass Alexander nicht daran denkt, den Plural von φθορά, auf die zwei Fälle von Wein und Lebendes zu beziehen (S. 31), sondern auf die φθορᾶς im Allgemeinen: Wer jemals einige Kapitel in Aristoteles mit Verständnis gelesen hat, weiss, dass diese Erklärung unmöglich ist). Alexander bezieht also die gegenwärtige Diskussion ebenso auf Kap. 4, wie Bonitz.

So steht es mit der einzigen Hauptfrage dieser Nummer. H. hätte aus diesem Sachverhalt ersehen können, dass ich entweder selbst den Hauptgedanken des Kapitels gefunden, oder aber ich habe mich an Alexander, Bonitz, oder an einem anderen (vielleicht von ihnen abhängigen) Interpreten orientiert (ich kann das heute nicht mehr wissen). Im ersteren Falle verdiene ich besondere Anerkennung, im letzteren wenigstens nicht den Vorwurf, dass ich die Interpreten ignoriert habe. Von sich selbst dagegen müsste H. wenigstens so viel wissen, dass er, obschon er Bonitz zur Zeit der „Kritik" zur Hand hatte, hier entweder nicht nachgeschlagen, oder die Stelle nicht verstanden, jedenfalls aber, dass er selbst nicht das Minimum von Orientierung besass, zu sehen, dass meine Interpretation nicht mit widerlichem „philologischem" Hochmut abzuweisen ist. Welchen Zweck hat es also, sich in so aufdringlichster Weise als first cousin zu den alten Interpreten zu gerieren, wenn diese so undankbar sind, wie auf Verabredung, sich gerade auf meine Seite zu schlagen? Die Sache ist aber nicht nur äusserst komisch, sondern auch sehr traurig. Wenn H. etwas literarische Ehrlichkeit in sich hätte, so würde er hier gleich am Eingang diesen Sachverhalt konstatiert haben, um dann eventuell noch seinen „Standpunkt" gegen Alex. und Bonitz zu verteidigen, in dem ehrlichen Bewusstsein, dass gute Gründe gegen Neumark auch gegen Alexander und Bonitz gut sind. Statt dessen aber verwirrt er den Leser zuerst mit nebensächlichen Einzelheiten und zitiert Alexander und Bonitz, die in Wahrheit gegen ihn sind, für sich, um dann, nachdem er so den freundlichen Leser in höchst abstossender sophistischer Weise überrumpelt zu haben glaubt, in einer verschämten Notiz zuzugeben, dass Bonitz zum Teil meiner Interpretation näher ist als H. und Alexander! Und damit H.'s schmähliche Unwissenheit einigermassen gedeckt erscheint, muss Alexander herhalten und den Unsinn H.'s adoptieren!

Jetzt wird es leicht sein zu zeigen, wie H. den Leser durch die Durcheinanderwerfung der Einzelheiten zu überrumpeln sucht:

Die wichtigste dieser Einzelheiten soll, ausser der Reihenfolge, gleich hier erledigt werden. H. sagt („Kritik" S. 460): and there is no suggestion of the cycle in nature. Er stellt das dort so dar, als ob ich das nur dem Satze entnehme: „wie die Nacht aus dem Tage“ (um sich dann wieder in den Tag zu verwandeln). Ich verweise daher in m. Erw. auf den unmittelbar folgenden Satz: Καὶ ὅσα μεταβάλλει εἰς ἄλληλα κτλ., ich dachte, dass das genügen wird. H. stellt nun tatsächlich in Abrede, dass die eben zitierten griechischen Worte „den Kreislauf des Werdens in der Natur“ (Korr. zu 5, 1: μεταβ. εἰς ἀλλ.) bezeichnen! Was soll man mit einem solch schrecklichen „Philologen“ anfangen? Und dann, was besagt der ganze folgende Satz, besonders in der Wiedergabe Alexanders? εἰ δέ, φησιν, ἐκ νεκροῦ δεῖ ζῷον γενέσθαι, εἰς τὰ τέσσαρα στοιχεῖα πρότερον ἀναλυθήσεται ὁ νεκρός, καὶ οὕτως ἐξ αὐτῶν γενήσεται ζῷον: „Wenn aus dem Toten ein Lebendes werden soll, dann pflegt sich das Tote zuerst in die vier Elemente aufzulösen, und auf diese Weise pflegt aus ihnen (den vier Elementen) ein Lebendes zu werden.“ Hinter diesem Satz folgt bei H. (S. 34) die siegesbewusste Frage: Is there anything said here about a cycle in nature? Nein, durchaus nicht: wenn sich Lebendes in Totes verwandelt, dieses in die vier Elemente auflöst, und aus diesen dann wieder Lebendes entsteht, so ist das, nach der neuesten „philosophisch-philologischen“ Forschung, nicht der Kreislauf der Natur! H. gibt dann zu, dass Alexander den Satz nicht (wie in H.'s unsinniger Interpretation) als einen Beweis für den Satz vom Werden der Nacht aus dem Tage auffasst, aber, meint er, das ist minder wichtig und betrifft nicht das Wesen der Kontroverse. Wieso denn? Was besagt denn dieser Satz sonst nach Alexander? Besagt er das, was ich in ihm gefunden habe, oder etwas anderes? Ist die Frage, ob Aristoteles hier den Kreislauf des Werdens lehrt, nebensächlich? Das ist doch die eigentliche Hauptfrage in anderer Fassung! Wenn das Werden dem Verderben nach widernatürlich ist, weil die Natur nach Vervollkommnung strebt, so ist der Grund davon nicht die Tatsache, dass das Werden dem Verderben nach nur eine Uebergangsphase zum Werden der Vervollkommnung nach ist? Und bedeutet das nicht den Kreislauf des Werdens? Ich habe weder Alexander noch Bonitz zur Hand und ich weiss besonders nicht, was Bonitz über den Satz vom Werden der Nacht aus dem Tage sagt, aber warum unterlässt es H., das Minimum literarischer Anständigkeit zu üben, zu sagen, dass nach Bonitz wenigstens dieses Kapitel vom Kreislauf des Werdens spricht? Et ex potiore quidem forma continuo, neque intercedente alio quoquam, transitur ad deteriorem, a deteriore autem ad potiorem: Spricht nun unser Kapitel vom Kreislauf des Werdens, oder nicht? Und ist diese Frage bereits in der Hauptfrage enthalten, oder nicht? Also die Frage, ob Aristoteles in diesem Kapitel vom Kreislauf des Werdens spricht, ist auch für den Fall zu bejahen, dass dieser Gedanke in dem Satz vom Werden der Nacht aus dem Tage nicht enthalten ist. Ich gebe auch zu, dass Alexander den Satz so interpretiert, wie H., aber wenn meine Gründe gegen diese Interpretation gut sind, so bleiben sie es auch gegen Alexander. Es waren 4: 1. Aristoteles spricht nicht von „sagen" — wenn H. (S. 31) sein „sagen" mit meinem „auffassen" vergleicht, so ist das falsch, nach ihm in der „Kritik" (hier gibt er seinen „Standpunkt" wieder auf) behandelt Aristoteles eine sprachliche Frage und Aristoteles sagt nicht selbst, dass die Nacht aus dem Tage wird, sondern er beruft sich auf die Sprache. Wenn nun H. jetzt sagt, Aristotle does say it (S. 32), so hat er eben seinen „Standpunkt" wieder einmal geändert. Dasselbe gilt von „2. Man sagt nicht: die Nacht wird aus dem Tage." „3. Wenn Aristoteles illustrieren wollte, wie die Hyle eines Positiven die Hyle des Negativen ist, so hätte er nicht einen Fall gewählt, in dem es gar keine Hyle gibt. H. schliesst: but one is not the ὕλη of the other. Aristoteles wollte aber nach ihm gerade das Gegenteil illustrieren." Was H. gegen diesen letzten Satz sagt (S. 32) ist bloss eine Verlegenheits-Ausrede. Es ist jedem Leser aus dem Zusammenhang klar, dass ich meine, Aristoteles wollte illustrieren, wie zwei Dinge sich in einander durch Vermittelung einer gemeinsamen Hyle verwandeln, während er durch das Beispiel vom Werden des Tages aus der Nacht einen Fall illustriert, in welchem das eine aus dem anderen unmittelbar wird, da es dabei kein drittes gibt, das die Vermittelung vollzieht. Das ist eben das Gegenteil des Beabsichtigten. (Hätte ich nicht das gemeint, so wären es ja zwei Argumente, nicht eines). Wenn daher Alexander sagt: ὥσπερ γὰρ ἐξ ἡμέρας νὺξ γίνεται καὶ οὐ δήπου ἐστὶν ἡ ἡμέρα ὕλη τῆς νυκτός, so steht mein Einwand auch gegen ihn: Wenn ich mit Nachsicht der Hyle (s. 5, 1) metaphorisch vom Werden der Nacht aus dem Tage spreche, dann spreche ich von dem unmittelbaren Werden eines Dinges aus dem anderen. Was H. gegen diesen Einwand vorbringt, lässt sich weder in Alexander noch auch nur in Aristoteles hineintragen, aber es ist wohl der einzige Punkt in seiner Diskussion dieser Frage, den ich an sich interessant gefunden habe. Er sagt (S. 32): But it is not true that there is no ὕλη in the change of day into night, und beruft sich auf Metaph. XI, 4, 5, wo Aristoteles als ein Beispiel für Hyle, Form und Steresis: Luft, Licht und Finsternis gibt und hinzufügt: ἐκ δὲ τούτων ἡμέρα καὶ νύξ. Dagegen muss ich nur sagen, dass H. die in Rede stehenden Kapitel und meine Darstellung derselben aufmerksam hätte lesen sollen, bevor er sich an deren Kritik herangemacht, dann würde er e r s t e n s gesehen haben, dass Arist. in 4, 6. 7 von der Mondfinsternis sagt, dass hier gar keine Hyle vorhanden ist (s. m. B. S. 353, 1). Auch hier spricht Aristoteles von dem Licht als dem positiven Formprinzip und der Finsternis als von der Steresis, und trotzdem sagt er, dass hier keine Hyle vorhanden ist. Nun widerspricht sich Aristoteles von Metaph. VII, 4, 6. 7 zu Metaph. XI, 4, 5? Wir könnten diese Frage offen lassen. Denn hier, in u n s e r e r Partie, betrachtet Aristoteles den Vorgang von Licht und Finsternis als einen Naturvorgang ohne Hyle, sodass diese Naturerscheinung zur Illustration der Verwandlung der Dinge in einander durch Vermittelung der Hyle sich nicht eignet. Es liegt aber nicht notwendig ein Widerspruch vor. Man kann wohl im uneigentlichen Sinne sagen, dass beim Naturgang vom Wechsel von Licht und Finsternis die Luft als Substrat, als Hyle, dient, aber wo es sich, wie in unserer Partie um die i n n e r e n Vorgänge im Prozesse des Werdens handelt, ist der Wechsel von Licht und Finsternis als ein Naturvorgang ohne Hyle zu betrachten. Aristoteles sagt das hier ausdrücklich, dass der Wechsel eines Stück Holzes von Weiss zu Schwarz, sofern dies nicht in einem Naturprozess an der Hyle Holz geschieht, keine Genesis ist (vgl. m. B. S. 356 unten); also gerade von dem Beispiel, das in XI, 4, 5 mit dem Wechsel von Licht und Finsternis parallelisiert wird, VII, 5, 1: 'Επεὶ δ' ἔνια ἄνευ γενέσεως.....(οὐ γὰρ τὸ λευκὸν γίγνεται ἀλλὰ τὸ ξύλον λευκόν).....οὐδὲ παντός ὕλη ἐστὶν ἀλλ' ὅσων γένεσίς ἐστι καὶ μεταβολὴ εἰς ἄλληλα. Ὅσα δ' ἄνευ τοῦ μεταβάλλειν ἔστιν ἢ μή, οὐκ ἔστι τούτων ὕλη.

Das Werden des Tages ist aber gewiss keine G e n e s i s im Sinne des Werdens eines organischen Naturprodukts. Wenn nun Aristoteles es trotzdem hier als Illustration anführt, so kann er das nicht zur Illustration der Vermittelung der Hyle, sondern des Verhältnisses des negativen zum positiven Werden tun. Zur Illustration des Vermittelungs-Gedankens eignet es sich schon deshalb nicht, weil ja dieses Verhältnis beim Werden der Nacht aus dem Tage, selbst wenn wir die Luft als Hyle zugeben, nicht nur n i c h t k l a r e r als bei Wein und Essig oder Lebendigem und Totem liegt, sondern u m g e k e h r t, bei letzterem liegt dieses Verhältnis recht klar zum Tage, beim ersteren ganz unklar und vielen Einwänden ausgesetzt! Deshalb erscheint meine Interpretation, dass es sich Aristoteles mit dieser Illustration nicht um den Vermittelungsgedanken, sondern um die negative Form des Werdens als Uebergangsphase zur positiven, der Alexanders vorzuziehen. In diesem Lichte erscheint auch das vierte meiner Argumente in neuem Lichte: „4. Nach H. hätte wohl Aristoteles auch umgekehrt sagen können: „Wie der Tag aus der Nacht wird". Es ist aber klar, dass er hier die Nacht der φθορά und den Tag der γένεσις parallelisiert." Dagegen sagt H. (S. 38): The objection marked 4 falls of itself after the above explanation of the parallelism between ἡμέρα — νύξ and οἶνος — ὄξος — d. h. wohl: Aristoteles nimmt eben das parallele Glied zur Illustration. Diese Antwort ist aber nur stichhaltig, wenn man sie unter der Voraussetzung meiner Behauptung unter 3 nimmt, dass das Phänomen von Tag und Nacht ein Naturvorgang ohne Hyle ist. Das bedeutet aber eine Potenzierung des von H. an dieser Stelle beliebten wissenschaftlich und literarisch unzulässigen Verfahrens. Man denke, den Schlusssatz von 3 behandelt er als selbständiges Argument und beutet ihn so aus, als ob ich ihn missverstanden hätte, Argument 4 aber behandelt er unter der Voraussetzung der Annahme des vorangegangenen! Argument 4 ist aber selbständig und so zu verstehen: Selbst wenn H. recht hätte, dass Aristoteles durch das Phänomen von Tag und Nacht die Tatsache illustrieren wollte, dass beim Werden eines Dinges aus dem anderen das eine nicht direkt ins andere übergeht (vom Vorhandensein einer Hyle bei Tag und Nacht hat ja H. selbst in seiner „Kritik" nicht gesprochen!), so muss er dennoch zugeben, dass Aristoteles hier, eben weil er das parallele Glied zur Illustration heranzieht, an der negativen Phase gelegen ist. Das heisst aber nichts anderes als eben das, dass er das Phänomen von Tag und Nacht für den Kreislauf des Werdens für bezeichnender hält als das vom sauer werdenden Wein, was es tatsächlich auch ist! Der in Nacht verwandelte Tag wird bald wieder Tag vor unseren Augen, während wir das Werden des Essigs zu Wein niemals (im Gegensatz zum Prozess: Wein in Essig, den wir oft) beobachten können. Von diesem Vorwurf wird aber Alexander gar nicht betroffen, da er durch den gleich folgenden Satz den Gedanken vom Kreislauf des Werdens in den von Tag und Nacht hineinträgt. In der Tat, auf Grund der von H. zitierten Stelle XI, 4, 5, die mir in meiner Erwiderung entgangen ist, würde ich zugeben, dass Aristoteles hier beides meint, d. h. dass er durch das Phänomen von Tag und Nacht einen Fall herbeizieht, bei dem es sich inbezug auf den Vermittelungsgedanken ebenso verhält, wie bei Wein und Essig, bei dem aber der Kreislauf des Werdens deutlicher in die Erscheinung tritt. Ich würde, wie gesagt, den Standpunkt meiner Erwiderung aufgeben, — wenn mir jemand, etwa durch die Ausfindung eines Unterschieds zwischen dem Wechsel in dem Lichtverhältnisse von Tag und Nacht und dem bei einer Mondfinsternis, den oben angedeuteten Widerspruch zu Gunsten der Stelle XI, 4, 5 wenigstens so befriedigend beheben könnte, wie ich es oben zu Gunsten unserer Partie VII, 4, 6. 7 versucht habe. Ich würde dann zugeben, dass wir es bei Tag und Nacht mit Hyle (Luft) zu tun haben. Hätte ich aber dann auch meine Interpretation von dem Werden von Tag und Nacht als eine Illustration des Kreislaufs aufzugeben? Im Gegenteil, wenn die beiden Erscheinungen in der Hylefrage einander völlig gleich sind, dann eignet sich das Werden der Nacht aus dem Tage nur noch mehr zur Illustrierung des Kreislaufs, als wenn dies nicht der Fall ist. Wenn ich das in meinem Buche nicht ausdrücklich hervorgehoben habe, so geschah das entweder, weil ich die Stelle in XI, 4, 5 zur Zeit nicht gekannt hatte und daher annehmen musste, dass Aristoteles hier im Sinne von VII, 4, 6. 7 das Werden von Tag und Nacht als eine Erscheinung ohne Hyle ansieht, oder aber, wenn ich zu jener Zeit die Stelle gekannt oder wenigstens dunkel in Erinnerung gehabt haben sollte, weil ich der Frage des Widerspruchs aus dem Wege gehen wollte. Es wäre dies nur ein Fall unter unzähligen, wo ich solchen Fragen, von denen die Hauptgedanken nicht betroffen werden, vorsichtig aus dem Wege gehe. In meinem Buche sage ich nichts was der Gleichstellung des Phänomens von Tag und Nacht in der Hylefrage widerspricht. Wenn daher H. in seiner Vorbereitung zur Kritik wirklich, wie sein Anspruch offenbar geht, Alexander und Bonitz verglichen und sie auch verstanden hat, dann hat er gar keinen Grund gehabt, mir zu widersprechen, da alles, was ich sage, von Alexander und Bonitz bereits gesagt worden ist. Es gab da nur einen Vorwurf, den er mir hätte machen können, nämlich den, dass ich es unterlassen habe, die Gleichheit der Erscheinung von Tag und Nacht mit der von Wein und Essig in der Hylefrage hervorzuheben, wie es Alexander tut. Darauf hätte er sich aber, nach einiger Orientierung, in dem zur Diskussion stehenden Kap. VII, 4 u. 5 leicht antworten können, dass ich dies auf Grund von 4, 6. 7 unterlassen musste. Er könnte mir höchstens den Vorwurf machen, dass ich XI, 4, 5 übersehen, oder es unterlassen habe, hier irgendwie erklärend einzugreifen. Dieser Vorwurf hätte mich nicht stark getroffen, da ich, wie gesagt, solchen nebensächlichen Fragen sehr oft aus dem Wege gehe, aus dem Wege gehen muss. Das unter der Voraussetzung, dass H. die Stelle XI, 4, 5 zur Zeit der „Kritik“ gekannt hat, was durchaus nicht der Fall zu sein scheint. Hat er ja nicht einmal VII, 4, 6. 7 die er unter der Hand hatte, gesehen, weshalb er den Schlusssatz des Arguments 3 so misshandeln zu können glaubte.

Das Ergebnis dieser Diskussion: Zwischen der Darstellung in meinem Buche und der Alexanders und Bonitz herrscht vollständige Uebereinstimmung, indem ich von Alexander nur darin abweiche, dass ich die Betonung der Tatsache, dass der Tag nicht die Hyle der Nacht ist (offenbar aus Vorsicht) unterlassen habe, während Alexander dies betont. In meiner Erwiderung, zu einer Zeit, in der ich mit dem Stoff nicht mehr so vertraut war, wie zur Zeit der Abfassung des Kapitels über Aristoteles, gehe ich weiter in meinem Vertrauen auf VI, 4, 6. 7 und stelle es in Abrede, dass Aristoteles dies betonen will. Es ist aber nicht notwendig so, dass ich Alexander gänzlich widerspreche. Das ist vielmehr nur dann wahr, wenn Alexander hier an seine Erklärung zu XI, 4, 5 denkt, dass die Luft die Hyle von Tag und Nacht ist. Diese Annahme kann aber nicht erzwungen werden. Noch mehr, warum sagt es Alexander hier nicht ebenso ausdrücklich wie dort? Er sagt nur, dass das Werden von Tag und Nacht dafür illustrativ ist, dass der Tag nicht die Hyle der Nacht ist, er sagt aber nicht auch dafür, dass die Hyle des Tages (Luft) die Hyle der Nacht ist. Warum nicht? Sehr wahrscheinlich, weil er unter dem Einfluss des unmittelbar vorhergehenden VII, 4, 6. 7 steht. Alexander hat an XI, 4, 5 offenbar hier gar nicht gedacht (das konnte Alexander ebenso gut wie uns passieren!), oder aber, sollte er an diese Stelle gedacht haben, er ging der Diskussion dieser Frage hier aus dem Wege. Es ist also sehr wahrscheinlich, dass H. auch in diesem nebensächlichen Punkte nur zum geringsten Teile auf Alexander sich berufen kann. Aber selbst wenn wir ihm hierin the benefit of the doubt bewilligen: In allen wichtigen Punkten der Interpretation von VII, Kap. 5, besonders aber in der hier zuerst behandelten Hauptfrage, hat sich H. zu Alexander und Bonitz, unter der Beteuerung, dass er sich mit Alexander in vollständiger Uebereinstimmung befindet und von Bonitz nur in einer untergeordneten Frage abweicht, in extremen, den Text Aristoteles vergewaltigenden Widerspruch gesetzt, während ich mich mit ihnen hierin tatsächlich in vollständiger Uebereinstimmung befinde.

Sonstige Einzelheiten erledigen sich leicht aus den in der Hauptdiskussion gewonnenen Gesichtspunkten: H. sagt hier, dass ich unberechtigte Einschaltungen mache. Das hat er in seiner „Kritik“ nicht gesagt. Meine Einschaltungen hier sind erklärender Natur und decken sich mit denen Alexanders und Bonitz' vollständig, mit Ausnahme natürlich von der zum Satz vom Wechsel von Tag und Nacht, wo Alexander eine anderslautende Einschaltung hat. Was H. über die Verschmelzung der beiden Aporieen in eine in meiner Darstellung sagt, ist bereits zurückgewiesen worden, er ist in diesen seinen Vorwürfen selbst konfus und sucht den Leser zu verwirren. Dass ich die zwei Aporieen affirmativ löse, ist angesichts meiner Worte: „allein (diese Aporie ist) nicht (stichhaltig)“ ein Unsinn: in diesem „Nicht“ liegt eben die Ablehnung des Gedankens, dass der Wein direkt die Hyle des Essigs oder das Lebende die Hyle des Toten ist. Wenn ich das nicht ausdrücklich hervorhebe (was H. durch das unbeholfene: says nothing about ζῷον ausdrückt), so geschieht das einfach aus dem Grunde, dass dies in meiner paraphrasierenden Wiedergabe in dem oben zitierten Satz und in den folgenden „Die Hyle des Lebenden ist in der Tat . . . muss denn auch stets auf die Hyle . . . zurückgegangen werden“ deutlich ausgedrückt ist. Ich hatte doch nicht eine Uebersetzung, sondern eine Darstellung zu liefern, und für diese ist nicht die Tatsache an sich, dass der Wein nicht die Hyle des Essigs ist, um die es sich Aristoteles hier handelt, sondern der Gedanke, dass man zur Hyle zurückgehen müsse, weshalb ich eben diesen Gedanken in den Vordergrund gerückt. Also weder Aristoteles ist konfus, noch auch ich, sondern H. ist es, der sich und den Leser verwirrt. — Auf meine Frage, was denn diese Aporieen mit der sonstigen Diskussion dieses Buches zu tun haben, das Aristoteles als das Ziel der ganzen Diskussion der Metaphysik erklärt, antwortet H. (S. 31): Now he wants to know what relation matter bears to the ἐναντία. Schon das ist ein Fortschritt im Verhältnisse zu dem naiven Gerede der „Kritik“. Aber das ist ganz unzureichend. Das Verhältnis der Hyle zu den Gegensätzen hat Aristoteles schon in der Physik klargelegt und nach H. gibt es ja zwischen Physik und Metaphysik keinen Unterschied. Und dann, wozu behandelt Aristoteles diese Frage in Buch VII der Metaphysik, er hat dies bereits in Buch I getan. Wozu nimmt Aristoteles diese Frage in Buch VII wieder auf? Das Alles ist nur gerechtfertigt, wenn man den verschiedenen Standpunkt der Metaphysik anerkennt und die Diskussion des Hyleproblems in VII, nach der Diskussion der Definitionsfrage, als die Vorbereitung zur endgiltigen Lösung des Definitionsproblems vom Standpunkt der

Metaphysik auffasst (s. m. B. S. 319, 321—322 und 354 u. w. u. No. 37: Inhaltsangabe).

H. rechtfertigt die Bezeichnung παρὰ φύσιν für φθορά nach seiner „Interpretation": Nature aims at realization and perfection, hence φθορά, or dissolution is contrary to the aim of nature. Natürlich, das ist richtig, aber das bedeutet, dass H. seinen „Standpunkt" in der Hauptfrage dieser Kontroverse verlässt und sich auf den meinigen stellt! — Wenn wir H. glauben wollen, dass er in seiner „Kritik" nicht die Lehre vom Kreislauf gänzlich in Abrede gestellt, so müssen wir bei der Lektüre seiner diesbezüglichen Sätze mehr als ein Auge zudrücken. Auch dann aber ist es nicht wahr, dass unter dieser Voraussetzung auch nur einer meiner Einwände fällt. H. unterlässt es, dies nachzuweisen. Das wäre auch unmöglich. — Dass Aristoteles die φθορά nicht als κ. συμβ. qualifizieren kann, weil er sie im vorigen Satze παρὰ φύσιν without any qualification genannt hat, ist ein Unsinn, mit dem ich nichts anzufangen weiss. Entweder H. ist „schwer von Begriffen" oder er stellt sich so: Die zweite Aporie hat eben die Funktion, den Gedanken hervorzubringen, dass φθορά und somit der Prozess π. φ. nur κ. σ. φθ. oder π. φ. ist, weil — ja, weil: Nature aims at realization and perfection, wie H. in seiner gemütlichen Konfusion zugibt! — (von hier 31 unten bis 32 oben ist in der Hauptdiskussion erledigt worden). — σῶμα becomes νοσῶδες κατὰ φθοράν, but not κ. συμβ.ч— aber, was berechtigt dazu, den gesunden Körper zu dem kranken Körper in ein anderes Verhältnis zu setzen als das süsse Wasser (Wein) zu dem saueren Wasser (Essig)? Steht nicht der Körper hier in der Mitte, ebenso wie das Wasser zwischen Wein und Essig? Daraus sieht man, wie sehr die beiden Aporieen zusammenhängen! Dann: similarly ὕδωρ becomes ὄξος, κατὰ φθοράν, but not κ. συμβ." Von was für Wasser wird hier gefabelt? Von Wasser, das nicht zuerst Wein war? Hat H. schon solches Wasser gesehen, das zu Essig wird? Also von Wasser, das früher Wein war? Ja, davon sagt ja Aristoteles, dass es κ. σ. Essig war? Wer ist hier konfus? Wenn nun H. diese heillose Konfusion mit den vermessenen Worten schliesst: Let us hope that Neumark has the matter clear now, so macht er sich auch noch lächerlich obendrein. — Auf die wichtigsten Einwendungen gegen H.'s „Interpretation" der letzten Sätze des Kapitels, 4 u. 6, antwortet H., dieses (und auch 2) wären nur gerechtfertigt, wenn er es jemals in Abrede gestellt hätte, dass Aristoteles den Kreislauf der Natur in de generatione und in der Physik lehrt, aber das habe er nie getan. Gesetzt, H. erklärt also jetzt diesen Satz im Sinne der Lehre vom Kreislauf des Werdens. Da aber der in Rede stehende Satz sich weder in de gen. noch in der Physik, sondern in Metaph. VII, 5 findet, so gibt H. jetzt zu, dass dieses Kapitel schliesslich doch vom Kreislauf des Werdens handelt. Oder hat der letzte Satz, der nach H. doch den vorletzten begründen soll, mit diesem nichts zu tun? H. sagt nämlich (S. 31) this particular passage, aber S. 34 sagt er nach der ganzen Stelle bei Alexander: Is there anything said about a cycle in nature? und in seiner „Kritik" (S. 460): there is no suggestion of the cycle in nature — no suggestion, wenn der begründende Satz es tut? Wer ist konfus? — Was H. über die Verschiedenheit der zwei Arten von φθορά sagt, zeugt bloss von seiner Verlegenheit und ist bereits durch die obige Frage erledigt. When water changes into vinegar the φθορά is not κ. συμβ. — aber das Malheur ist, dass Wasser das niemals tut! H. müsste also so sagen: Wenn Wein sich in Essig verwandelt, dann stellt dieser Prozess in seiner ersten Hälfte, nämlich vom Wein zum Wasser, φ. κ. σ. dar, in der zweiten Hälfte jedoch, Wasser zu Essig, φ. κ. αὐτό dar. Will H. das sagen? Aber, warum soll dann das Werden von Wasser zu Essig als φθορά betrachtet werden? Im Verhältnis zu Wasser ist Essig entschieden ein Avancement: Nur, wenn der Prozess als von einheitlichem Charakter aufgefasst wird, ist das Werden von Wein zu Essig eine φθορά. Und dann, wenn der Wein wirklich zu reinem Wasser geworden ist, dann wird sich dieses Wasser sicherlich nicht in Essig verwandeln. Das müsste aber der Fall sein, um φ. κ. αὐ. zu sein: Aristoteles spricht eben nicht von reinem, sondern von der bestimmten Wasserhyle auf dem Wege des einheitlichen Prozesses des Werdens des Weines zu Essig. Ich könnte die Analyse fortsetzen und zeigen, dass hier noch mehr Absurditäten involviert sind. Aber es ist genug an dem Gesagten. Und dann, wie will man dieses jämmerliche Geschwätz in den Text hineintragen? Und welchen Zweck hat diese Diskussion, bei der das herauskommt? Wie darf man überhaupt es wagen, solch unzusammenhängendes, wirres Zeug in einer ernsten philosophischen Zeitschrift aufzutischen? — Was H. im folgenden über die Stellung Alexanders und Bonitz' sagt, ist bereits erledigt worden.

II.

Zu einzelnen Stellen:

21. H. S. 37 hat weder Aristoteles noch Simplicius, noch auch mich verstanden. Es handelt sich nicht darum, ob die Dinge sein können. Die Dinge sind da, und diejenigen, die nur Gegensätze ohne Hyle annehmen, erklären die Existenz der Dinge so, dass es zwei positive Gegensätze gibt, aus deren Kampf mit einander die Dinge in der Weise werden, dass bald das eine, bald das andere Prinzip obsiegt. Es ist diese Erklärung, die Aristoteles mit dem Hinweis darauf zurückweist, dass die Gegensätze nicht aneinander geraten und nicht auseinander werden können. In m. Erwiderung habe ich auf die in der vorigen Nummer behandelte Stelle Metaph. VII, 5, 1 hingewiesen, wo Aristoteles das ausdrücklich sagt (s. oben). H. schweigt diese Stelle tot! Simplicius sagt dasselbe: τὸ δὲ ἐναντίον οὐχ ὑπομένει τὸ ἐναντίον κτλ.

22. (H. S. 38—39). Diese Stelle hängt mit der vorigen zusammen und kann nur so verstanden werden, wie ich sie erklärt habe. Wenn H. sagt, dass der vorhergehende Satz, den ich zur Erklärung heranziehe, mit unserem Satze nichts zu tun hat, so entspricht das seiner schon sattsam bekannten Art, zu argumentieren: ein jeder Satz muss für sich genommen werden. Das ist wohl „Philosophie"! H. bringt nichts vor, das gegen m. Interpretation spricht. Simplicius sagt ebenfalls nichts dagegen, meine Interpretation ist eine nähere Erklärung, wodurch die von H. zugegebenen naheliegenden Einwände gegen das Argument Aristoteles beseitigt werden. Eine solche Erklärung ist gewiss zulässig, nur wusste H. von diesen Einwendungen früher nichts. Ob die Einwände Simplicius' durch m. Erklärung beseitigt werden, weiss ich nicht (ich habe Simplicius nicht zur Hand).

23. (H. S. 39—40): H. nimmt seinen Vorwurf, dass ich eine Illustration wähle what Aristotle styles an exception schweigend zurück. Seine Behauptung in der „Kritik", dass Aristoteles nirgends einen Grund dafür gibt, why we do not call the statue "brass" but brazen „interpretiert" er jetzt, nachdem ich in m. Erw. die betreffende Frage in unserer Stelle zitiert habe, dahin, dass die Frage wohl aufgeworfen, aber nicht beantwortet wird. Das richtet sich von selbst. Ich kann für die Antwort nur auf m. Erw. (S. 394—395) verweisen. Was H. jetzt als neuen Einwand gegen einen Satz in m. Buche (S. 299) vorbringt, beruht auf mangelhaftem Verständnis

der Stellen in Aristoteles und in m. Buche. Was ich hier sage, ist in Aristoteles § 7 ausdrücklich gesagt: H. sagt, die Steresis ist mitgedacht im Worte „Erz". Das tun wir aber nur, wenn wir von Erz sprechen, das wir zur Statue in Beziehung finden oder bringen. Es muss doch nicht jedes Erz eine Statue werden. Das bedeutet das Wort „stets" in m. Satze. H. muss erst lernen, wie man ein wissenschaftliches Buch liest. Mein Satz gibt den Unterschied von ὑπομένον und ἀντικείμενον wieder.

24—26: Ich habe in m. Erwiderung nachgewiesen: 1. dass H. nicht sah, dass die von ihm besonders behandelten drei Fragen in Wahrheit nur eine sind, 2. dass er die Schwierigkeit der Stelle nicht gesehen, 3. dass er Simplicius nicht verstanden, 4. dass Simplicius meine Interpretation bestätigt (wogegen H. mit Unterdrückung einiger Worte im Zitate kämpft), und 5. dass H. mit verschiedenen Namen als von verschiedenen Arten von Genesis operiert, die in Wahrheit ein und dieselbe Art bedeuten. H. hat auf all das nur impertinente Reden (S. 40—41), in denen er den Leser versichert, dass er in allen Stücken im Rechte ist. Zuletzt zitiert er eine Stelle aus Philoponus, die aber nur meine Interpretation und Erklärung von ἐνυπάρχοντος, die H. angegriffen, vollständig bestätigt: οὐκ ἐνυπ. γὰρ ἐν τῷ γιγνομένῳ ἡ στέρησις heisst eben: Die Steresis ist nicht ein positives, sondern ein negatives Moment. Philop.'s γιγνομένῳ entspricht der Tatsache, dass das Subjekt des Werdens dasselbe bleibt, es verändert sich bloss. Wenn aber H. das ἐνυπ. auf das τι, das grammatische Subjekt von γίνετο, als ein vom Subjekt des Werdens verschiedenes bezieht, so ist das eben „unverständlich und sinnlos". Zu H.'s Vorwurf (S. 40), dass ich die Methode Aristoteles, von der Sprache auszugehen, nicht kenne, s. m. B. S. 303 unten: „Aristoteles geht hier, wie fast immer, von der gewöhnlichen Sprechweise aus."

27. Ich habe in meiner Erwiderung meine Interpretation der Stelle begründet und gegen die Interpretation H.'s vier Argumente vorgebracht. H. S. 42 weiss gegen meine Argumente nichts vorzubringen, und was er als seine Interpretation vorbringt, ist teils überflüssig, teils konfus. H. versichert aber den freundlichen Leser, dass meine Argumente are not serious. Er beruft sich auf die griechischen Kommentare as I understand them (!), die er aber nicht zitiert und wohl nicht versteht!

28. Ich weise hier den Vorwurf H.'s gegen meine Paraphrase zurück und weise nach, dass H. hier den Hauptgedanken der

Stelle, die auf das Vorhandensein des Formprinzips in den Naturdingen den Ton legt, nicht kapiert hat. H. (S. 42—43) versichert nun, dass ich im Unrecht bin!

29. Ich habe den Angriff H.'s auf meine Wiedergabe einer Stelle durch den Nachweis abgewehrt, dass während H. uns mit Kindergarten-Philologie traktiert (dass ἐνίας nicht „einige" bedeutet!), seine ganze „Kritik" darauf zurückzuführen ist, dass er den Singulargebrauch des deutschen Wortes „einige" nicht kannte. H. (S. 43) hält nun die Stelle für nicht wichtig genug, um darauf einzugehen!

30. Ich gebe zu, dass die von H. (S. 43—45) zitierten Stellen aus Alexander und Bonitz das αὐτό nicht auf die Eigenschaft „Weiss" beziehen, wie ich das tue, aber ich habe bereits in meiner Erwiderung gesagt, dass das „es" aufs ganze gehen kann, obschon nur das „Weiss" d. h. ein Teil desselben gemeint ist, ebenso wie im folgenden Satz: vgl. m. B. S. 322—323: „ein Teil des An-sich" „nichts davon (von dem An-sich), αὐτό heisst somit, es: das An-sich: ein Teil desselben. Auch würde das nichts beweisen, selbst wenn keiner der Komm. auf meiner Seite wäre, meine Gründe (in der Erw.) bleiben bestehen. Auch meine Auffassung ist übrigens, teilweise wenigstens, durch Autoritäten gedeckt (s. Bonitz). Es ist ferner richtig, dass Alexander und Bonitz das πρόσεστι im Sinne von „in die Definition einbezogen sein" erklären. Es ist aber nicht richtig, dass der Sinn der Stelle nach ihnen ein anderer ist, als der, der nach meiner Uebersetzung herauskommt, nämlich, dass das „Weiss" einer Oberfläche deshalb nicht zum Was derselben gehört, weil sie der Oberfläche als Eigenschaft innewohnt. Das ist besonders klar in Alexander: Die Tatsache, dass ich in der Antwort auf die Frage: Was ist eine weisse Oberfläche? Das Wort „Oberfläche" wiederhole, indem ich sage: eine Oberfläche von leicht unterscheidbarer Farbe, weist darauf hin, dass das Weiss der Oberfläche nur zufällig innewohnt und daher nicht zum An-sich gehört. Dasselbe gilt von Bonitz. Was aber die Erklärung des fraglichen Satzes anbetrifft, halte ich sie auch jetzt noch für indiskutabel. Zu dem in meiner Erwiderung gesagten füge ich noch hinzu: Es ist klar, dass dem πρόσεστι hier die Bezeichnungen ἐκ προσθέσεως und προσκεῖσθαι in 6 entsprechen, αὐτό muss sich also auf die Eigenschaft beziehen. Zum Ausdruck der Regel, dass das zu definierende nicht in der Definition vorkomme, bedient sich Aristoteles im Organon der Formen von χράομαι. Die Vermutung, dass H. eine schlechte Uebersetzung benutzte, bezog sich

nur darauf, dass nach ihm Aristoteles hier nicht das wahrhafte Sein bestimmen will, sondern davon spricht, was wir sagen oder nicht sagen können. Das ist durch Alexander und Bonitz nicht gedeckt, H. hat daher kein Recht, sich dafür auf sie zu berufen, wie er es mit grossen Worten tut (S. 43). Ich muss aber wieder eine Hinterhältigkeit festnageln: H. sagt (S. 45): Neumark wants to know why the thing defined cannot be used in the definition? The question is rather amusing etc. Das heisst, dass ich die Regel in Abrede stelle. Die Stelle lautet: „Im folgenden 'Εν ᾧ κτλ. soll Aristoteles hier sagen wollen: The thing defined must not be used in the expression of the τί ἦν εἶναι. Gesetzt, aber warum nicht? nicht deshalb, weil es zusammengesetzt ist und ausser dem τί ἦν εἶναι noch etwas anderes enthält, nämlich etwas, was zu jenem im Verhältnis des Innewohnens steht?“ Ich stelle also die Regel nicht in Abrede und füge deren Begründung hinzu. Und das ist für unsere Stelle die einzig richtige Begründung, vorausgesetzt („Gesetzt!“), dass Aristoteles hier das sagen will, aber es ist eben das, was ich bestreite. Die Regel liegt hier natürlich zugrunde, aber nur potenziell (s. m. B. S. 323–324), da Aristoteles die Definitionsfrage vom Standpunkt der Metaphysik erst später behandeln wird (auch Bonitz verweist darauf). Der von H. angegebene Grund dieser Regel ist für unsere Stelle für alle Fälle falsch: Der in (den von Bonitz angezogenen Stellen) Top. V, 3, 1 und VI, 4, 13 angegebene Grund bezieht sich auf eine ganz andere Art Definition als die, von der Aristoteles hier spricht. Eine Definition muss auf die Frage gerichtet sein, die sie zu beantworten hat (Anal. post. II, 12 (13), 21). In den angeführten Stellen handelt es sich um die gewöhnliche Frage, die den Namen des zu definierenden Dinges enthält, wie in dem von Aristoteles in Top. VI, 4, 13 angeführten Beispiel: Was ist die Sonne? Antwortet man darauf „die Sonne ist das Zentrum des Sonnensystems“, so hat man natürlich die Sonne nicht definiert, weil man sie nicht durch ein früheres und bekannteres erklärt hat. Und selbst wenn man sie definiert: Die Sonne ist das am Tage sichtbare Gestirn, hat man die Sonne durch die Sonne definiert, da im Worte „Tage“ die Sonne versteckt enthalten ist, indem die Definition des Tages die Sonne enthält: Der Tag ist die Zeit, in welcher die Sonne oberhalb der Erde verweilt. Hier, in unserer Stelle der Metaphysik, handelt es sich aber nicht um die Definition als Antwort auf die Frage „Was ist die weisse Oberfläche?“ sondern um die auf die weisse Oberfläche sich beziehende Frage: „Was ist das da?“ (Metaph.

die Forts. unserer Stelle 8: καὶ γάρ τό ποιὸν ἐροίμεθ' ἄν τι ἐστιν, κτλ.; vgl. m. B. S. 327). Auf diese Frage wäre die Antwort: „Das da ist eine weisse Oberfläche“ vom Standpunkt der Topik eine ganz gute Definition, ebenso wie die Antwort: das ist das Zentrum des Sonnensystems, oder: das ist das am Tage sichtbare Gestirn, als Antwort auf die Frage, was ist das? eine ganz gute Definition wäre. Wenn nun Aristoteles hier die Regel impliziert, dass in der Definition auf die Frage: was ist das? die Worte „weisse Oberfläche“ nicht vorkommen dürfen, so betrifft diese Regel nicht auch das Wort „Oberfläche“, sondern ausschliesslich das Wort „weisse“. Die richtige Antwort auf die Frage: was ist das? soll nämlich lauten: „eine Oberfläche“. Denn an sich (Aristoteles spricht doch hier von den Dingen an sich!) ist das da hier nicht „weisse Oberfläche“, sondern Oberfläche. Hier handelt es sich eben nicht um die Forderung des uns bekannteren (vgl. Anf. des Kap. 1. 2). Im weiteren Verfolge der Diskussion gelangt Aristoteles auch zu einer Modifizierung der Fragestellung. Um die richtige Definition zu erreichen muss man auch die Frage richtig formulieren. Man soll nicht fragen: was ist das da? sondern, warum ist das da gerade so beschaffen? (Kap. XVII, 6: ὥστε τὸ αἴτιον ζητεῖται τῆς ὕλης; vgl. m. B. S. 347). Das war der Sinn m. Erw., dass insofern Aristoteles hier auf diese Regel Bezug nimmt, sie hier den Grund hat, „weil es zusammengesetzt ist und ausser dem τί ἦν εἶναι noch etwas anderes enthält, nämlich etwas, was zu jenem im Verhältnis des Innewohnens steht.“ Ich war zu knapp, weshalb H. das nicht verstanden hat. Es handelt sich hier somit um die prinzipielle Frage von den zwei Standpunkten in der Definitionsfrage. Alexander und Bonitz, wie die anderen Interpreten, haben dies zwar im allgemeinen gesehen und an vielen Stellen zu interpretieren gesucht, sie haben aber dies für Widersprüche, nicht für zwei verschiedene Standpunkte angesehen. Es lag für sie daher nahe, unsere Stelle im Sinne der Topik zu interpretieren, um zu harmonisieren. In seinen vermessenen Reden hier nimmt H. auf die Analogie-Frage Bezug. Wir haben aber gesehen (Nr. 18), dass diese Ungezogenheit auf stocktauber Unwissenheit beruht. H. geht auch hier wie ein Blinder durch die Diskussion und sieht nicht, worum es sich handelt.

31. In m. Erw. habe ich darauf hingewiesen, dass H. gegen m. Interpretation der äusserst schwierigen Stelle VI, 4, 6 nichts als die Frage vorzubringen weiss: has ὅλως ever the meaning which N. gives it, as equivalent to ἁπλῶς? Ich habe daher einige Stellen zitiert,

wo dies der Fall ist (s. auch Met. VI, 15, 1: λόγος ὅλως), und auch noch auf Nr. 24—26 hingewiesen, wo nach H. selbst der Gebrauch von ἁπλῶς, um den H. hier so besorgt ist, ein sehr verschiedener ist: Darauf hat H. (S. 45) nichts zu erwidern, er versichert aber den Leser, dass meine Interpretation nicht richtig ist! Auch auf m. Vorwurf, dass es nicht angeht, „aus dem Zusammenhang gerissene Sätze zu behandeln", dass diese und andere Stellen im Zusammenhang mit der ganzen Diskussion der Metaphysik zu behandeln sind, weiss H. natürlich keine Antwort. Wenn H. sagt: whether we analyse . . . white is an addition, so ist das bereits in m. B. S. 326 erledigt: „Die Zulassung des einheitlichen Ausdrucks für ein Zusammengesetztes hat uns also zur Einsicht verholfen, dass jeder Versuch . . . aufzugeben ist" (s. nächste Nummer).

32. In meiner Erwiderung fragte ich H. nach dem Beweise für seine Behauptung, dass ich diese und die folgende Stelle schlecht interpretiert (in seiner Sprache; übersetzt) habe. Ausserdem habe ich in der vorigen Nummer darauf hingewiesen, dass die Interpretation der vorliegenden Partie mit der der ganzen Metaphysik zusammenhängt. H. aber ist konsequent: er flüchtet sich. Er geht auf diesen Zusammenhang nicht ein, lässt seinen Vorwurf bezüglich 4, 7[b] einfach unter den Tisch fallen, glaubt aber, seinen „Standpunkt" in 4, 7[a] verteidigen zu sollen. Er beginnt (S. 46) mit der Inhaltsangabe der vorhergehenden (von ihm später zitierten) Stelle (4, 6: ὥστε κτλ): A Definition is a Description, for a Definition is never a single word. H. ist es hier wirklich gelungen, das Gegenteil von dem anzugeben, was unsere Stelle besagt. Ich weiche hier, wo es sich, wie gesagt, um die Interpretation der ganzen Metaphysik handelt, von der (vom Lateiner wiedergegebenen) gangbaren Uebersetzung des Wortes λόγος ab. Nach meiner Interpretation bedeutet dieses Wort in unserer Stelle nirgends „Rede", sondern durchweg „Begriff". In der vorigen Nummer haben wir gesehen, dass Aristoteles den einheitlichen Ausdruck „Gewand" für „weisser Mensch" als Definition zurückweist, nicht weil ein Wort nicht genügt, sondern weil die Einheitlichkeit nur fiktiv ist, da das Wort „weisser", eine Definition aus Zusatz, dahinter steckt. Eine richtige Definition muss eben ohne Zusatz sein: „Das eigentliche Dieses muss von jedem Zusatze frei gedacht werden. Daraus zieht Aristoteles die Konsequenz: Das Wahrhaft-Seiende wird nur von jenen Seienden dargestellt, deren Begriff zugleich deren Definition ist" (m. B. S. 326). Es handelt sich also nicht um λόγος „Rede" (s. w. u.), noch um die Regel, dass

eine Definition eine Rede sein müsse (das kann doch schon wegen ὅσων nicht sein: s. w. u.), sondern um eine Bedingung für die richtige Definition, sei diese eine Rede, oder ein Wort. Damit ist aber auch schon gesagt, dass nicht nur eine Beschreibung, eine Rede, sondern auch ein Wort eine Definition sein kann. Mehr noch: Vom Gesichtspunkt besagter Bedingung ist ein Wort, ein Name, die beste Definition. Der Name „Gewand“ (6 beginnt: Ἔστω δὴ ὄνομα αὐτῷ ἱμάτιον!) wäre die beste Definition, wenn er nicht eine Fiktion für eine, einen Zusatz enthaltende „Rede“ („weisser Mensch“) wäre. Denn ein Wort, sofern es den Begriff der Sache nicht nur fiktiv enthält, enthält gewiss keinen Zusatz. Es handelt sich hier eben um die eigentliche Differenz zwischen Physik und Metaphysik in der Definitionsfrage. Auf dem Standpunkt von Physik-Organon, wo eine Definition Gattung, Allgemeines und Artprinzip umfasst, hat eine jede Definition einen Zusatz, ein Wort kann daher keine Definition sein. Auf dem Standpunkt der Metaphysik hingegen, wonach nur das Artprinzip den Inhalt der eigentlichen Definition ausmacht, kann zwar eine „Rede“, eine aus mehreren Worten bestehende Beschreibung, noch eine gute Definition sein, sofern diese eben ausschliesslich eine nähere Beschreibung des Artprinzips ist. Am besten aber ist es, wenn man dies durch ein Wort erreichen kann, wie z. B. das Wort „Denkvermögen“ als Definition des Menschen, wenn dieses Wort an sich verständlich genug ist. Die hier eingeleitete Diskussion geht durch das ganze sechste Buch der Metaphysik. In 10, 10,11 gelangt Aristoteles zum Resultat, dass in der Definition von Individuen einer bestimmten Art keine Teile zu unterscheiden sind (vgl. m. B. S. 314: „. . . . als ein Teil des Wesens dieser Menschen betrachtet zu werden . . . .“ und w. u. Nr. 37. 38). In 12,4 f. sagt es dann Aristoteles ausdrücklich, dass das Genus aus der Definition auszuschliessen ist, und dass diese aus einem Worte, dem letzten Artunterschied, besteht. In seiner „Behandlung“ dieser Stelle (S. 71, s. dort Nr. 37. 38) gibt H. zu, dass (verbaliter) nach Aristoteles das eine Wort δίπουν die einzig gute Definition ist. Aber H. ist in diesen wichtigsten systematischen Fragen der aristotelischen Metaphysik so konfus, dass er hier noch keine Ahnung davon hat, was ihm einige Seiten später noch alles zustossen wird, und so entschlossen, dass er meine Aufforderung, diese Partie im Zusammenhang mit den Grundfragen der Metaphysik zu behandeln, ganz unbeachtet lässt (vgl. noch Nr. 38 zu Met. VII, 13, 10, wo Arist. die Aporie erhebt, dass nach dem Standpunkt der Metaphysik die

Substanz absolut einfach wäre (ἀσύνθετον ἂν εἴη οὐσία πᾶσα), sodass es von der οὐσία nicht einmal einen Begriff (λόγος — lat: ratio) gäbe!).

Kommen wir nun zur eigentlichen Stelle: H. fährt fort: But not every λόγος is a ὁρισμός. It is not sufficient that a λόγος unfolds an ὄνομα to make it a ὁρισμός etc. Dem entspricht der spätere Satz: Besides, the passage under discussion begins by telling us that not every λόγος etc. It is always a λόγος he is speaking of. Es ist aber einfach nicht wahr, dass Aristoteles hier immerzu von λόγος spricht. Das Gegenteil ist wahr: Der vorhergehende Paragraph (6) beginnt: Ἔστω δὴ ὄνομα αὐτῷ ἱμάτιον und entwickelt den Gedanken, dass ein willkürlich und fiktiv beigelegter Name keine Definition ist, und kommt zum Schlusse: ὥστε τὸ τηε κτλ. — dass ein τηε nur dann (durch die Definition) erreicht ist, wenn ὁ λόγος (der Begriff) zugleich die Definition ist. λόγος ist also auch hier nur Subjekt des Konjunktivsatzes, zur Erklärung der Bedingung für ὄνομα als Definition. Dann kommt der fragliche Satz (§ 7): ὁρισμος δ' ἐστὶν οὐκ ἂν ὄνομα λόγῳ ταὐτὸ σημαίνῃ, also auch hier ist nicht λόγος, sondern ὄνομα, das Subjekt (im Verhältnis zu λόγος), das im Vordergrund des Interesses steht. Es ist ὄνομα, von dem Aristoteles uns etwas aussagen will. Und was will er uns sagen? H.'s Hauptargument gegen meine Interpretation ist (vor Besides): Aristotle does not have to prove that a name is not a definition . . . for he has already told us that the ὁρισμός is a λόγος . . . . and the reader knows that from the logic. Wir haben aber bereits gesehen, dass Aristoteles sehr weit davon entfernt ist, uns das sagen zu wollen, da er damit beschäftigt ist, uns eben das direkte Gegenteil von dem zu sagen. Es handelt sich eben um den der Logik entgegengesetzten Standpunkt der Metaphysik. Und dann: Warum soll sich Aristoteles inbezug auf den Namen auf die Logik verlassen, nicht aber auch inbezug auf die Regel, dass eine Definition eine „Rede“ ist? Steht dies nicht in der Logik? Ja, wozu spricht Aristoteles überhaupt von der Definitionsfrage in der Metaphysik, es steht doch bereits alles in der Logik? Welchen Sinn hat es überhaupt, dass Aristoteles hier von Namen spricht? Inwiefern soll die Uebereinstimmung von λόγος und ὄνομα in deren Bedeutung für den Begriff (der doch auch in λόγος = Rede gemeint ist!) von Wichtigkeit sein? „Was liegt an einem Namen?“ H. versucht nicht, uns das zu sagen. Das Ganze ist eben leeres, inhaltloses Gerede. Nach meiner Interpretation ist alles voll gewichtigen

Inhalts : Aristoteles will nach mir, nicht (wie H. konfuser Weise es missversteht) dem Namen den Wert einer Definition absprechen, sondern zu der im vorhergehenden formulierten Bedingung noch eine hinzufügen, oder richtiger, er sagt: Die Uebereinstimmung des Namens mit dem Begriff hat sich uns (§ 6) als die negative Bedingung, die conditio sine qua non, für den Geltungswert des Namens als Definition, ergeben. Man dürfe aber, das sagt Aristoteles, das nicht so auffassen, dass diese Bedingung zugleich die positive Kapazität besitzt, dass deren Erfüllung unter allen Umständen dem Namen den Geltungswert einer Definition sichert. Nein, das ist nur dann der Fall, wenn der Name den Begriff eines „Ersten", d. h. des Artprinzips, ausdrückt. Versuchen wir eine wörtliche Uebersetzung der Stelle (was H. so ängstlich meidet): „Sodass das τηε ist (nur) jener, deren λόγος ist Definition. Eine Definition ist aber nicht, wenn ein Name mit einem λόγος dasselbe bezeichnet (denn alle λόγοι wären Definitionen, ist ja ein Name mit einem jeden λόγος dasselbe, sodass auch die Ilias eine Definition wäre), es sei denn, wenn irgend eines Ersten er ist (ᾖ). Solche aber sind (nur) jene, welche auf andere Weise ausgesagt werden als indem man das eine von dem anderen aussagt. Es ist also keinem nicht zu den (in) einer Gattung (enthaltenen) Arten (gehörigen) innewohnend das τηε, sondern nur diesen." Folgende Punkte sind nun klar: 1. λόγος kann zunächst im ersten Satze nicht „Rede" bedeuten, sondern „Begriff". Denn ὅσων zeigt an, dass es sich um die Angabe einer (nicht bei allen, aber) bei manchen existierenden Eigenschaft als Bedingung handelt, nicht um eine in allen Fällen zu beobachtende Regel. In der Tat, die lateinische Uebersetzung, die sonst in dieser Partie λόγος mit oratio oder sermo wiedergibt, übersetzt hier: ratio. Nach mir heisst λόγος allemal in dieser Partie „Begriff". Es ist aber auch sonst klar, dass Aristoteles hier ὄνομα und λόγος in demselben Sinne gebraucht, wie im folgenden Kapitel (5, 2, parallel zu Cat. III (V), 4, 5), wo λόγος als „Rede" nicht in Betracht kommt (s. Nr. 34). 2. Es handelt sich um die Bestimmung, wann wir das τηε treffen, nicht, um eine neue Regel über die Notwendigkeit, dass eine Definition ein λόγος sein müsse. Wenn Aristoteles das sagen wollte, so hätte er einfach gesagt: ὥστε λόγος μόνον ἐστὶν ὁρισμός, oder ähnlich. 3. Aristoteles kann in dem folgenden Satze nicht sagen wollen, dass es nicht genügt, wenn ein λόγος mit dem Namen übereinstimmt usw., weil er nach H. von dieser Uebereinstimmung als Bedingung noch nicht gesprochen hat, was aber diese Behauptung voraussetzt. 4. Wenn Aristoteles das sagen wollte, dann hätte er sagen müssen: Ὁρισμὸς δ' ἐστὶν οὐκ ἂν λόγος ὀνόματι ταὐτὸ σημαίνῃ, nicht ὄνομα λόγῳ κτλ., es handelt sich also offenbar um die Bedingung, unter welcher ὄνομα den Geltungswert einer Definition besitzt. 5. „er ist" am Schlusse des zweiten Satzes muss sich auf ὄνομα als Subjekt beziehen. λόγος kommt in diesem Satze als Subjekt nicht vor, ὁρισμός als Subjekt ist unmöglich: es handelt sich um eine Bedingung für ὁρισμός, wie dies aus dem folgenden τοιαῦτα . . . . . λέγεται klar ist. Der Satz besagt also notwendig, dass ein Name nur dann eine Definition ist, wenn er den Begriff der zu definierenden Sache so deckt, dass er ein „Erstes" bezeichnet, d. h. wenn der Name den Begriff des Wesens des zu definierenden ausdrückt, von dem alles andere ausgesagt wird. Damit werden nicht nur Eigennamen ausgeschlossen, sondern auch alle Namen, die auf ein nicht wesentliches Moment zurückgehen. 6. Nur nach dieser Interpretation ergibt sich das Artprinzip als alleiniges τηε und alleiniger Inhalt der Definition (letzter Satz des Zitats — ein Satz, den H. konsequenter Weise unterdrückt — s. Nr. 33, 34, 37, 38, 42). 7. Auch im folgenden spricht Aristoteles vom Namen als einem weniger genauen λόγος, was nur einen Sinn hat, wenn hier die Fähigkeit des Namens, eine Definition darzustellen, behandelt wird. In seiner „Kritik" hat H. noch, konsequent genug, meine Wiedergabe dieses Satzes bemängelt, natürlich ohne Angabe seiner Gründe. Ich fragte nach diesen, die Antwort besteht nun darin, dass H. diesen Teil seiner „Kritik" fallen lässt — es wird über diesen Satz geschwiegen.

Aus alledem ergibt sich aber, dass ich auch in dem einzigen Punkte, den H. hier noch aufzunehmen wagt, nämlich in der Interpretation der Parenthese (während er alle sonstigen Unmöglichkeiten als Selbstverständlichkeiten, als Gegenbeweise, anführt), recht habe: Wenn der vorhergehende Satz und besonders auch der Satz, der die Parenthese trägt, von ὄνομα handelt, dann muss „die Ilias" in dieser ebenfalls den Namen „Ilias", nicht deren λόγος bedeuten. Auch hier sagt Aristoteles: ἔσται γὰρ ὄνομα ὁτῳοῦν λόγῳ ταὐτόν, nicht: λόγος ὁτῳοῦν ὀνόματι, was er sagen müsste, wenn er eine Bedingung für λόγος als Definition aufstellen wollte. Es ist wahr, im unmittelbar vorhergehenden stellt Aristoteles λόγος in den Vordergrund: πάντες γὰρ ἂν εἶεν οἱ λόγοι ὅροι, und ich war gezwungen die Worte: „und folglich auch alle Namen" einzuschalten (m. B. S. 327), aber diese Einschaltung ist vom ganzen Zusammenhang gefordert und vom folgenden gerechtfertigt: man kann eben das eine für das andere setzen, was H. in konsequenter Konfusion selbst zugibt: for it is easy to find a λόγος for every ὄνομα, and an ὄνομα for every λόγος. H. muss also das, worauf es in seiner Interpretation ankommt, im zweiten Satz hinzufügen, während ich das im ersten Satz tun muss. Es gibt aber einen Unterschied: Erstens: Nach mir ist das, was Aristoteles im ersten Satze sagt, zwar nicht vollständig, aber doch richtig, nach H. hingegen ist der zweite Satz nicht nur unvollständig, sondern auch unrichtig: Aristoteles hat gar kein Interesse daran, uns zu sagen, dass man für jeden Namen einen λόγος finden kann, er ist blos an der Einschaltung, d. h. an dem, was er nicht sagt, interessiert. Nach mir ist er wenigstens an beiden interessiert. Dazu kommt die Hauptsache: Die Exemplikation auf die Ilias folgt nicht auf den ersten Satz, wo λόγος im Vordergrund steht, und ich die Einschaltung vornehmen muss, sondern auf den zweiten Satz, wo ὄνομα im Vordergrund steht, und H. die Einschaltung vornehmen muss. Dieses Argument entscheidet für sich, dass Ilias hier als Name angeführt ist (in m. Erw., wo ich nur auf H.'s „Orakel" zu antworten hatte, habe ich mich daher auf dieses Argument beschränkt — es genügt auch vollständig. Und was antwortet H. auf dieses Argument? Er verschweigt es!). „Ilias" ist ein Beispiel für einen Namen, der auf ein unwesentliches, lokales Moment zurückgeht. Aristoteles kann daher seine Forderung, dass der Name ein „Erstes" ausdrückt, durch diesen indirekten Beweis stützen. Es ist nämlich klar, dass der Name „Ilias", obschon er die gesamte Poesie Homers bezeichnet, keine gute Definition ist, da dieselben Ereignisse an epischem Wert nichts verloren hätten, wenn sie sich, statt um Ilion, um Athen abgespielt hätten. Daraus ergibt sich aber noch ein Beweis für meine Auffassung von „Ilias". Vom λόγος Ilias ist es nämlich durchaus nicht so selbstverständlich, dass er eine schlechte Definition ist. Erst wenn ich die Forderung, dass der λόγος der eines „Ersten" sei, anerkannt habe, kann ich leicht dem λόγος Ilias den Definitionswert absprechen, vorher aber durchaus nicht. Warum soll (der „Begriff" oder) die „Rede": „Die Epen Homers" als Antwort auf die auf die Schriften Homers bezügliche Frage: „Was ist das?" eine schlechte Definition sein? Erst wenn ich zugegeben habe, dass die Definition ein Erstes bezeichnen müsse, ist es einleuchtend, dass „die Epen", als eine zufällige Form der Poesie kein „Erstes" ausdrücken. H. zitiert Bonitz, der hier Beispiele für ἡ Ἰλιάς als λόγος beibringt.

Aber das beweist nichts. Dass Ilias auch den Begriff darstellt, ist ja hier die Voraussetzung, da es sich darum handelt, dass der Name mit dem Begriff dasselbe bezeichnet. Wenn H. so sicher wäre, dass Bonitz hier Ilias als λόγος auffasst, dann hätte er das aus Bonitz zitiert, er tut es aber nicht! Die Stelle aus Alexander macht zwar in der zweiten Hälfte den Eindruck, dass er λόγος allein behandelt, aber die erste Hälfte spricht eher für meine Interpretation: ἐπειδὴ οἱ ὁρισμοὶ ταὐτὸν σημαίνουσι τῷ ὀνόματι τοῦ τί ἦν εἶναι — mit Ausschaltung des λόγος. Um mich darüber zu äussern, müsste ich (selbst wenn H. in der Mitte des Zitats nur den Rest des Texts oder sonst nur unwesentliches, nicht auch wesentliches weggelassen haben sollte!) sehen, wie Alexander die ganze Partie erklärt. Soweit ich mich erinnern kann ist diese ganze Partie (Kap. 4 u. 5) nach den Interpreten im allgemeinen schwierig und dunkel. Für unsere Zwecke hier ist es aber auch gleichgiltig, zu welcher Seite der in Aristoteles gefundenen widersprechenden Ansichten der eine oder der andere der Interpreten unsere Stelle schlägt — meine Interpretation behebt den Widerspruch. Wenn H. diese Nummer siegesbewusst mit einer widerlichen Redensart schliesst, so ist das eine Kombination von Unwissenheit, Konfusion und Impertinenz, wie man sie widerlicher nur noch bei H. selbst findet. H. wusste nicht, und weiss noch jetzt nicht, worum eigentlich es sich hier handelt.

33. Hier führt H. wieder grosse Worte im Munde (S. 47—48), er weiss aber nichts gegen meine Argumente in m. Erw. anzuführen, es sei denn, dass nach mir sich Aristoteles widerspricht (S. 47). Aber das ist Unverstand. Wenn Aristoteles erst sagt, dass die Hohlnasigkeit kein Zustand der Nase ist, und nachher erklärend zwischen „Zustand“ im gewöhnlichen Sinne und „Zustand an sich“ unterscheidet und dieses letztere mit „Ein Dieses in einem Dieses“ identifiziert, so wird das kein gerade denkender Mensch einen Widerspruch nennen. In dem, was H. aus Alex. zitiert, steht nichts, was gegen meine Interpretation spricht. Soweit ich aus dem offenbar unvollständigem Zitat ersehen kann, gibt Alexander hier die Zusammenfassung der ganzen Stelle, und was er hier sagt, findet sich bei mir in den folgenden Sätzen beinahe wörtlich wieder: „Die Hohlnasigkeit wohnt nämlich der Nase nicht so inne, wie das Weiss Kallias usw.“ (S. 328). Was H. aus Bonitz zitiert ist jedenfalls keine wörtliche Uebersetzung. Uebrigens ist es sehr leicht möglich, dass Alexander und Bonitz die Stelle so übersetzen,

wie H. sagt. Diese Uebersetzung kann mir aber beim Schreiben dieser Partie nicht unbekannt gewesen sein, da ich sie in der dem Text beigegebenen lateinischen Uebersetzung vor mir auf dem Blatte hatte. Wenn ich von ihr abgewichen bin, so geschah dies aus den in m. Erw. angegebenen Gründen. Ich halte diese Uebersetzung auch jetzt noch für syntaktisch falsch. Nach dieser Uebersetzung würde anzunehmen sein, dass der Satzbau in dieser Stelle, sowie die Ausdrucksweise (πάθος καθ' αὑτὴν statt π. κ. αὑτό; der Gebrauch von π. κ. αὑ. und κ. αὑ. ὑπάρχειν in einem und demselben Sinne (1), um dann wieder dasselbe einfach in πάθος (2), und später wieder genauer mit π. κ. αὑ. (3) zu bezeichnen) in dieser ganzen Partie ziemlich l o s e ist. Der Ausdruck „Sekundaner-Schnitzer" bezieht sich hier mehr auf die Unwissenheit H.'s, der meine Interpretation und deren Gründe, die ich für den Fachmann durch die (von H. u n t e r d r ü c k t e) Unterstreichung des Wortes „Zustand" angezeigt habe, nicht verstanden hat. Doch gebe ich zu, dass es sich hier um einen, aber auch den e i n z i g e n Fall in meiner Erwiderung handelt, in dem eine durch eine Autorität gedeckte Interpretation von mir (in der Hitze des Gefechts) dem Scheine nach wenigstens mit einem scharfen Ausdruck bezeichnet worden ist. Ich bedauere das, in der S a c h e aber bin ich im Rechte. Man beachte noch besonders das Folgende: Nach dieser Uebersetzung sagt Aristoteles: „Ich meine das so: Es gibt eine Nase und eine Hohlheit, und Hohlnasigkeit wird das aus beiden Zusammengesetzte genannt, indem es ein Dieses in einem Dieses ist, und nicht nebenher ist die Hohlheit oder Hohlnasigkeit ein Zustand der Nase, sondern an sich." Also, auch abgesehen von der im Griechischen ebenso harten (ja, wegen der doppelten Negation, noch härteren) syntaktischen Konstruktion, Aristoteles sagt erst, dass Hohlheit und Nase g l e i c h w e r t i g e T e i l e in der Zusammensetzung der Hohlnase sind, „ein Dieses in einem Dieses' gleich darauf aber, dass die Hohlheit „ein Zustand an sich" der Nase ist. Das ist ein Widerspruch, der nicht existiert, wenn Aristoteles, wie in meiner Uebersetzung, erst im Verlaufe der Diskussion zu dieser Identifikation gelangt. Die Verbindung „und" ist ganz unverständlich, die Hohlheit kann nicht b e i d e s sein: ein mit der Nase gleichberechtigtes Dieses u n d ein „Zustand an sich" der Nase. Wollte man daher zu gunsten der von mir abgelehnten Uebersetzung sagen, dass Aristoteles gleich hier, ohne vermittelnde Erklärung die I d e n t i f i k a t i o n ausspricht, um sie später zu erklären, so steht dieses „und" im Wege, die Identifikation müsste Aristoteles anders ausdrücken. Ferner, in der fraglichen Stelle ist die Hohlnasigkeit in dem mit „und“ eingeleiteten Satz ein disjunktiv bestimmtes Subjekt, Hohlheit oder Hohlnasigkeit, das erstere ist aber durch den vorhergehenden Satz nicht gedeckt. Setzen wir aber den fraglichen Satz in Klammer, so fallen all diese Schwierigkeiten weg und wir erhalten eine Charakterisierung des „Dieses in einem Dieses“ als „an sich“ was einen guten Sinn gibt. Eine „mauerumringte Stadt“, z. B. ist ein Dieses in einem Dieses, aber nicht „an sich“, sondern nebenher, denn die Stadt kann ohne Mauer ebenso existieren, wie die Mauer ohne die Stadt, während hier die Nase ohne (die ihr eigene und somit auch im allgemeinen ohne) Hohlheit nicht existieren kann, obschon Hohlheit im allgemeinen auch unabhängig von Nase existiert. Daraus ergibt sich eine fernere Schwierigkeit: Nach der von mir abgelehnten Uebersetzung muss das disjunktive Subjekt auch im folgenden Satze beibehalten werden, nach welchem die Hohlheit oder die Hohlnasigkeit der Hohlnasigkeit so innewohnt, wie das Männliche dem Tiere und das Gerade dem Lebendigen, nämlich so, dass ersteres ohne letzteres nicht existieren kann. Das trifft aber nur von Hohlnasigkeit, Simotes, nicht aber auch von Hohlheit, Koilotes, zu (Koil. kann hier nicht als gleichbedeutend mit Simotes genommen werden, da Aristoteles davon spricht, dass die Sim. aus Koil. und Nase besteht). Denn Hohlheit existiert auch unabhängig von Nase. Nach meiner Uebersetzung ist aber nur Simotes das Subjekt des fraglichen Satzes: „Die Hohlnasigkeit wohnt nämlich der Nase nicht so inne, wie dass Weiss dem Kallias . . . sondern wie das Männliche dem Lebendigen usw.“ (m. B. S. 318; s. Alexander zur folgenden Stelle, der ebenfalls nur von Simotes spricht). Das sind schwerwiegende syntaktisch-sachliche Argumente. Dagegen kann das Argument: Bonitz, too, knows a thing or two about Greek syntax (S. 48) nichts ausrichten. Mit diesem Argument kann man auch Bonitz das Recht absprechen, aus syntaktischen Gründen Emendationen an Stelle vorzunehmen, an denen die Alten und die modernen Kommentatoren vor ihm nichts auffälliges gefunden haben. Davon gibt es bei Bonitz unzählige Beispiele, und wir haben oben (Nr. 17) ein solches behandelt.

Aber auch hier handelt es sich darum, dass die von mir abgelehnte Uebersetzung die gegenwärtige Diskussion der Metaphysik zu sehr im Sinne des Standpunkts der Physik nimmt, während es sich hier in Wahrheit um eine ganz anders gerichtete Diskussion handelt, in welcher die im Organon geprägten Termini aus verschiedenem Gesichtspunkt abgeleitet und entsprechend modifiziert werden. Doch werden wir das besser im Zusammenhang mit dem folgenden Satze sehen.

Auf den folgenden Satz bin ich in meiner Erwiderung nicht genau eingegangen, da H. nichts gegen meine Interpretation vorzubringen wusste, ich begnügte mich daher damit, die von ihm angebotene Interpretation durch einige naheliegende Argumente zu widerlegen. In s. Erw. S. 48—51 widerlegt er zwar nicht meine Argumente, aber er bringt Argumente und zitiert Autoritäten gegen meine Interpretation, ich muss daher näher auf Einzelheiten eingehen:

H. legt hier wieder heillose Konfusion an den Tag, ich will ihn daher zunächst beiseite lassen und zeigen, worin die Uebersetzung in meinem Buche sich von der Alexanders unterscheidet. Alexander übersetzt: „Diese (nämlich die „Zustände an sich") sind solche in denen (d. h. in deren Definition) innewohnt (= ist mitenthalten) entweder der Begriff oder der Name dessen, dem dieser Zustand zukommt und ohne (welches = das ihm Unterliegende) (der Zustand) nicht deutlich gemacht (nicht definiert) werden kann."

Gegen diese Uebersetzung ist einzuwenden: 1. Aristoteles sagt nicht „in deren Definitionen" sondern „in denen". 2. Aristoteles schliesst diese Aporie damit, dass wenn es sich so verhält, wie er eben gesagt, es von diesen Prädikaten keine Definition gibt. Die von Alexander angeführten Beispiele von Definition erscheinen aber durch das hier gesagte keineswegs disqualifiziert (s. dazu nächste Nummer im Zusammenhang mit der zweiten Aporie). 3. Aus dem Singular „dieser Zustand" macht Alexander einen Plural. 4. Das Wort „dieses" ist überhaupt überflüssig. 5. Welchen Zweck hat es, dass Aristoteles hier Fragen behandelt, die bereits im Organon erledigt sind? Warum begnügt er sich in den metaphysischen Diskussionen der Physik diesbezüglich mit Andeutungen, während er in der Metaphysik diesen Fragen soviel Aufmerksamkeit schenkt und so viel Raum widmet? Ist nicht das allein ein Fingerzeig dafür, dass er sich in der Physik hierin auf das Organon verlässt, während die Metaphysik diese Fragen von einem ganz anderen Standpunkt aus behandelt? Es ist daher im allgemeinen falsch, die Resultate des Organon der Diskussion der traglichen Partieen der Metaphysik zugrunde zu legen. Natürlich gibt es vielfache Parallelen, auch gemeinsame Sätze und Regeln, aber diese bestehen nicht zwischen der Diskussion der Metaphysik und den Resultaten des

Organons, sondern zwischen den Diskussionen in beiden Werken. Es ist daher nicht richtig, hier Anal. post. I, 4 heranzuziehen, wie Bonitz es tut (von dieser nach Bonitz zitierten Stelle sagt H. (50): I (!) have already quoted Aristotle!). Dort sagt Aristoteles ausdrücklich: „sie liege in der das Was definierenden Definition", hier aber sagt er „denen der Begriff oder der Name innewohnt". Die richtige Parallele ist die von mir herangezogene Stelle, Cat. III (V), 4, 5—9, wo die Frage diskutiert wird, was zur Definition gehört. Aus dieser Stelle geht auch hervor, dass Aristoteles hier an die Parallele „Lebewesen — Weiss" denkt, wie nach meiner Uebersetzung (s. m. Erw. S. 404).

Diese Gründe gegen die gangbare Uebersetzung sind eben so viel Gründe für die meinige, nach der keine dieser Schwierigkeiten besteht.

Nun wollen wir sehen, was H. von der Sache verstanden hat:

In seiner „Kritik" (S. 466) übersetzt er den fraglichen Satz: These are predicates in which the notion or name is involved etc. . . Diese Uebersetzung ist durch keine Autorität gedeckt, man muss eben einschalten „in deren Definition" — das hat H. erst jetzt erfahren und gibt es in gewundenen Sätzen zu (S. 53, Z. 7 von unten: or rather in the definition), aber er tut das im Zusammenhang der folgenden Nummer, wo er, ebenso wie in der gegenwärtigen, sich so oft wiederholt und ein so furchtbares Chaos aufwirbelt, dass es mich einige Mühe gekostet hat, bevor ich es ausfindig gemacht habe, worin H. selbst verworren ist, worin er den Leser zu verwirren sucht, und worin beides der Fall ist. Die hier behandelte Frage gehört wohl zur dritten Klasse. Das geht aus der Art hervor, wie er bald darauf einen m. Einwände zu entkräften sucht. Dieser lautet (m. Erw. S. 404 oben): „Es ist nicht wahr: Im Prädikat „Männlich" ist der Name oder Begriff „Mensch", „Pferd" u. s. w. weder enthalten noch vorausgesetzt, und ebensowenig „Gerade" im Namen oder Begriff „Qualität" oder „Quantitativ". Zunächst muss ich feststellen, dass das „Gerade" mit den Wörtern „Qualität" oder „Quantitativ" Plätze wechseln muss, wie dies aus der Parallele klar ist. Wenn daher H. (S. 54 oben) zur zweiten Hälfte antwortet, er hat das umgekehrt gesagt, so benützt er einfach einen Lapsus meiner Feder, um sich aus der Klemme zu ziehen. Denn selbst vom Standpunkt seines Versuchs, mir die Umkehrung dieses Verhältnisses sonst zuzuschreiben (s. w. u.), musste er dies aus der Parallele ersehen. Er musste also wissen, dass ich meine, dass der Begriff „Quantität" in „Gerade" nicht enthalten ist. Er bleibt also die Antwort auf dieses Argument schuldig. Seine weitere Antwort, dass zwar nicht „Mensch“, „Pferd“ usw., aber „Lebewesen“ in „Männlich“ enthalten ist, genügt durchaus nicht: Wenn „Lebewesen“ in „Männlich“ enthalten ist, dann muss man auch ein bestimmtes Lebewesen einsetzen können (H. will ja vom konkreten sprechen, also von einem bestimmten Tiere, da es sonst nicht konkret wäre, s. w. u.). Von diesem Einwand wird Alexander nicht betroffen. Das spricht dafür, dass sich H. inbezug auf den Unterschied zwischen seiner Interpretation in der „Kritik“ und der Alexanders, die er hier einige Zeilen vorher (und schon früher) verschämt adoptiert, nicht klar war, zugleich aber auch daran interessiert war, den Leser auf seine Interpretation in der „Kritik“ nicht aufmerksam zu machen. Die anderen Einwände verschweigt H., sie existieren also nicht. Nach dieser Klarlegung des Sachverhalts werden folgende Einzelbemerkungen verständlich sein (H.'s Erw. S. 48—57): S. 48: Die Frage des „Artikels“. Der Artikel ist nach meiner Interpretation nicht annähernd so schwierig für meine Uebersetzung, wie das „dieses“ und der Singular nach der Gegenübersetzung. Dann aber habe ich hier „ein“ nicht „der“, habe mich also offenbar der Lesart ohne Artikel angeschlossen. — δηλῶσαι does not mean „in die Erscheinung treten“, but to make clear — es heisst eben beides. S. 48—49: Die Zugabe „(oder Männliche)“ in meiner Uebersetzung hat H. nicht verstanden, es besagt blos, dass Aristoteles hier von „Weiblich“ sprechen kann, obschon er ursprünglich nur von „Männlich“ gesprochen hat, da man zum Zwecke unserer Illustration ebenso das eine, wie das andere setzen kann (s. aber w. u.). So hat es auch Alexander (S. 51 Z. 7). Diese Stelle macht nun H. zum Ausgangspunkt eines Arguments gegen mich, für das ich keine literarisch noch zulässige Bezeichnung weiss. Hier, sowie durch die ganze Diskussion (S. 52, 54, 55), versucht es H., dem Leser einzureden, dass ich bei der Uebersetzung der hier in Betracht kommenden Sätze das Verhältnis von „Männlich“-„Lebewesen“ und der Parallelen umkehre und statt davon zu sprechen, dass „Männlich“ ohne „Lebewesen“ nicht existieren kann, sage ich umgekehrt, dass „Lebewesen“ nicht ohne „Männlich“ existieren könne. Diesem „Argument“ widmet H. den grösseren Teil der dieser Frage gewidmeten Ausführungen. Er triumphiert nun gegen mich mit dem energischen Hinweis auf die Existenz des weiblichen Geschlechts! Natürlich kann ich nicht einmal den Versuch machen, diese ganz entschieden unbestreitbare Tatsache in Abrede zu stellen. Aber die

Sache ist nicht nur komisch, sondern hat auch eine sehr traurige Seite: H. führt mehrere Stellen aus meinem Buche an, um dies nachzuweisen, aber sämtliche Stellen aus der Zusammenfassung, keine aus der Uebersetzung der fraglichen Stellen. Warum? Sehr einfach, weil in der Uebersetzung genau das Gegenteil steht! Konnte H. diese Tatsache entgehen? Natürlich nicht, er musste diese Stellen wissentlich und mit Absicht übergehen. Und nicht nur diese, sondern auch noch eine andere Stelle musste er unterdrücken, um ein Argument hervorzubringen, dessen Lächerlichkeit ihm nur in der heillosen Konfusion entgehen konnte, die seine Ausführungen hier kennzeichnet. Es handelt sich um folgendes: In der Zusammenfassung S. 329 gehe ich auf den Zusammenhang des fünften mit dem vierten Kapitel ein: Dort gelangten wir zum Resultat, dass Beschaffenheiten und Eigenschaften nicht zum Wahrhaftseienden und daher auch nicht zur Definition gehören. Einen Unterschied zwischen den verschiedenen Beschaffenheiten und Eigenschaften machten wir hierbei nicht. Das wird durch die erste Aporie in Kapitel 5 erschüttert. Denn ein solcher Unterschied muss doch gemacht werden, da die Beschaffenheiten und Eigenschaften in verschiedenem Sinne innewohnen, wie die von Aristoteles angeführten Eigenschaften „Weiss" und „Männlich" usw. beweisen. Denn wenn Aristoteles hier auch von „Männlich" als Eigenschaft und „Leben" als das, dem die Eigenschaft innewohnt, spricht, so ist seine Endabsicht nicht das, sondern die Art als Ding und „Leben" als notwendiges Merkmal herauszuarbeiten. Dann fahre ich auf derselben Seite fort: „Aristoteles geht hier, seiner beliebten Gewohnheit folgend, um die Sache herum: Er operiert mit der Hohlnase, und selbst wo er, wie hier, zu den Naturdingen greift, weil die Sache bei diesen viel bequemer und klarer liegt, als bei dem Beispiel, das er zur Illustration heranzieht, konstruiert er sich noch aus den gegebenen Daten lieber ein Beispiel, als geradezu auf den Zweck seiner Untersuchung zu gehen." H. zitiert nicht S. 328, wo ich in der Uebersetzung daran festhalte, dass Aristoteles hier von dem „Männlichen" als der Beschaffenheit und „Lebewesen" als dem Dinge spricht, sondern zitiert den Teil von S. 329, wo ich die Endabsicht Aristoteles diskutiere, unterlässt es aber, auch nur mit einem Worte darauf hinzuweisen, dass ich im folgenden (in dem eben zitierten Satze) sage, dass Aristoteles das hier nicht sagt. Vier Seiten später (S. 55) kommt H. auf diesen Satz mit folgenden Worten zurück:

Neumark feels there is something wrong as can be seen from his book, page 329, beginning line seven from the end, „Aristoteles geht hier . . . .“ and page 335 line eight, beginning „So sind diese“. Diese Art zu zitieren und zu diskutieren ist der höchste Grad von Hinterhältigkeit, der mir noch jemals begegnet ist! H. führt noch die Stelle S. 405 meiner Erwiderung an, wo ich als den Inhalt von Kap. 5 nach der Endabsicht im Sinne der Zusammensetzung anführe. Wenn H. auf S. 324 meines Buches hinweist, wo ich von den „sehr dunkel ausgefallenen zwei Kapiteln“ spreche, so tut er das aus Unwissenheit: Die Interpreten fanden diese zwei Kapitel dunkel.

Das alles hat H. gesehen, und wenn er ehrlich zu kämpfen die Absicht gehabt hätte, so wäre er auf die Frage eingegangen, ob ich Recht habe, dass das die Endabsicht Aristoteles ist. Aber auch Unwissenheit spielt hier mit. Er weiss nicht, worum es sich handelt: Er spricht fortwährend von Subjekt und Prädikat, aber nach mir handelt es sich in der ersten Aporie gar nicht um Subjekt und Prädikat im logischen, sondern um solche im realen Sinne, um Ding und Eigenschaft: Ist H. so sicher, was Subjekt und was Prädikat ist (S. 53)? Was ist Subjekt und was Prädikat in dem menschlichen Lebewesen? Ist es „Lebewesen“ oder „Mensch“? Sprechen wir vom Subjekt „Lebewesen“ als dem Prädikat „Männlich“ entgegengesetzt, dann sehen wir dabei von allen Artunterschieden innerhalb der Lebewesen ab. Dann ist aber nicht einzusehen, warum ich die zwei Typen von Lebewesen, „Männlich“ und „Weiblich“, nicht als zwei verschiedene Arten von Lebewesen auffassen soll, ebenso wie ich für gewöhnlich Mensch, Löwe u. s. w. als verschiedene Arten von Lebewesen auffasse. Die Frage liegt somit bei Männlich und Lebewesen ebenso wie bei Mensch und Lebewesen. Die Antwort auf diese Frage ist unsere allgemeine Antwort: Es hängt vom Standpunkt ab: Auf dem Standpunkt der Physik ist „Lebewesen“ das Subjekt, das Ding, daher der eigentliche Inhalt der Definition, das Artprinzip ist Prädikat, Eigenschaft, und kommt nur in zweiter Reihe als Inhalt der Definition in Betracht. Auf dem endgiltigen Standpunkt der Metaphysik hingegen verhält es sich umgekehrt. Hier, in unserem Kapitel, haben wir es mit jener Phase der Diskussion zu tun, in welcher dieser Umschwung vorbereitet wird, um in den folgenden Kapiteln vollzogen zu werden (s. m. Buch S. 335 u. Nr. 37: Inhaltsangabe). Aristoteles beginnt ja auch damit, dass er Hohlheit und Nase einander gleichstellt: „Ein

Dieses in einem Dieses". Und da nun später „Männlich" zu „Hohlheit" und „Lebewesen" zu „Nase" in Parallele gesetzt wird, so sind auch „Männlich" und „Lebewesen" ein „Dieses in einem Dieses" genannt. Die Frage, was Ding und was Eigenschaft ist, ist diejenige, deren Klärung Aristoteles durch diese Aporien und diese ganze Diskussion anstrebt. Das interessante an der Sache ist aber dies: Nach H. in der „Kritik" sagt Aristoteles, dass „Lebewesen" und „Männlich" gegenseitig real innewohnen, d. h. das Verhältnis von Subjekt und Prädikat ist erschüttert. Und da H. die zwei Standpunkte nicht anerkennt, so bedeutet das Widerspruch und Konfusion. Das hat H. teils nicht begriffen, teils absichtlich verdreht. Er beruft sich auf den verschiedenen Gebrauch von κ. αὐ. ὑπ. (53—4), verweist (S. 49) auf Post. Anal. an Stelle der von mir herangezogenen Stellen aus Cat. — als Argumente gegen meine Uebersetzung. Das ist alles eine petitio prinzipii, es sind dies eben die Fragen, um die es sich handelt! Im Gegenteil, es spricht gegen die Gegeninterpretation, wenn sie gezwungen ist, diese gleichmässig gebrauchten Ausdrücke in verschiedenem Sinne zu nehmen. Der Einwand H.'s gegen m. Uebersetzung: ταῦτα refers to the immediately preceding words (S. 50), wiegt nicht schwer. Ich habe durch die Klammer in meiner Uebersetzung bereits angezeigt, dass der Text hier nicht glatt ist, aber bei weitem nicht so schwierig, wie bei der Gegenübersetzung. Die naheliegende (aber deshalb doch falsche) Uebersetzung mag die Gestaltung des Textes hier (wie übrigens wohl auch an anderen Stellen) schon früh beeinflusst haben. Das „Lebendige" und das „Quantitative" kommen im vorigen Satze jedenfalls vor, und der unterschiedslose Gebrauch von ὑπάρχειν erfordert es noch ausserdem, dass das Wo in beiden Fällen dasselbe ist, wodurch sich „Lebewesen" und „Quantitatives" von selbst als das Aequivalent von „Dieses" ergeben.

34. Die Gegeninterpretation der zweiten Aporie, die H. in seiner „Kritik" obendrein schlecht wiedergegeben, jetzt aber (S. 51—57) etwas besser unterrichtet ist (indem er in seinen Ausführungen S. 52, m. Darstellung, S. 333, sich zu nutze macht), habe ich in meiner Erwiderung widerlegt. Dem Vorwurf, dass es sich nach dieser Interpretation um die Definition von abstrakten Merkmalen handelt, sucht H. zu begegnen, indem er sagt (S. 51 unten): It is not a πάθος in abstracto, bald darauf aber sagt er (S. 52 oben) . . . . the same question . . . why σιμόν . . . and the rest of the πάθη κ. αὐ. have no real definition (auch darin hat sich H. meiner Er-

widerung angepasst, früher: „Kritik" S. 466 unten: unequivocally, no!). Das ist natürlich Konfusion, aber die Abstraktion ergibt sich aus der falschen Interpretation von selbst (Alex. führt Definitionen von Abstrakten an). Dagegen aber weiss H. keine Antwort auf meine, von ihm verschwiegene Frage, warum es denn für das Merkmal Männlich keine Definition gibt? Alexander gibt eine sehr gute Definition dieses Merkmals (s. oben). Ich habe bereits darauf bei der ersten Aporie hingewiesen: Weil man bei der Definition des Merkmals das Subjekt erwähnen muss, deshalb ist die Definition schlecht? Aber wie so denn? Wenn man das Merkmal definiert, dann setzt man das Subjekt als bekannt voraus, man definiert also durch ein bekanntes. Oder soll es heissen, weil man das Merkmal für sich nicht definieren kann, ohne das Subjekt mitzuerwähnen, deshalb kann man das Subjekt überhaupt nicht definieren? Aber warum denn? warum soll ich nicht sagen können: Ein männliches Lebewesen ist ein beseeltes Ding begabt mit Zeugungskraft? Und wovon soll es dann eine Definition geben? Worin unterscheidet sich denn „Mensch", „Pferd" usw. von „Männlich"? Mensch kann ohne Lebewesen weder existieren, noch auch definiert werden, während Lebewesen ohne es erscheinen und definiert werden kann, es besteht also dasselbe Verhältnis, wie zwischen Männlich und Lebewesen. Mensch hätte dann auch keine Definition. Oder will Aristoteles die Möglichkeit der Definition überhaupt erschüttern? Das hätte nur einen Sinn, wenn wir die Stelle im Sinne meiner Interpretation auffassen, dass er den Standpunkt der Physik erschüttert (s. oben). Dieselben Fragen treffen auch die zweite Aporie nach dieser Interpretation: Was ist an der Definition: „Männlich ist die Zeugungspotenz eines Lebewesens" auszusetzen? Weil „Männlich" schon „Lebewesen" enthält? aber, das Wort „Männlich" gehört überhaupt nicht zur Definition, die eigentliche Definition (auf die Frage: Was ist ein männliches Lebewesen?) lautet: Die Zeugungspotenz eines Lebewesens. Dasselbe gilt von der Definition: Ein männliches Lebewesen ist ein mit Zeugungspotenz begabtes beseeltes Ding. Und gesetzt auch, das Wort „Männlich" gehört in die Definition, wie und warum soll der Umstand, dass man in dem Worte „Männlich" schon an „männliches Lebewesen" denkt und dadurch auch zu einem Ausdruck: „männliches Lebewesen Lebewesen ad infinitum kommen könnte — wie soll dass die Definition von „Männlich" oder „Männliches Lebewesen" verhindern, wenn man dies nicht tut? Der Hinweis auf α 2 (Bonitz-Zitat S. 57) erklärt nichts. Dort handelt es sich um die Annahme von einer unendlichen Reihe realer Ursachen, das würde natürlich die Wissenschaft und die Definition unmöglich machen. Aber wie soll die hier behandelte sprachliche Spielerei die Definition verhindern? Eher könnte man auf Anal. Post. I, 23 verweisen, wo Aristoteles von der Unmöglichkeit der Demonstration eines Unendlichen spricht, aber auch dort handelt es sich um eine unendliche Reihe realer Ursachen. Und dann, alles, was hier von „Männlich" gesagt ist, gilt auch von „Mensch", „Pferd" usw. Beim Worte „Mensch" denken wir doch gewiss schon an ein „menschliches Lebewesen", also auch die ganze Spielerei: „Menschliches Lebewesen Lebewesen usw." Oder will Aristoteles die Möglichkeit der Definition überhaupt erschüttern? dann — ut supra. Zur zweiten Aporie habe ich all diese Fragen bereits in meiner Erwiderung vorgebracht, aber H. geht über sie mit Stillschweigen hinweg. Das sind die Gründe, warum ich die gangbare Interpretation verwerfe und meine an deren Stelle setze, die von keiner dieser Fragen betroffen wird. H. weiss auch jetzt nichts gegen meine Interpretation vorzubringen, es sei denn, dass er mir in naiver Weise die Gegeninterpretation als Beweis entgegenstellt. — Was H. über die Frage sagt, ob ich Aristoteles sagen lasse σιμόν does not necessarily include ῥίς, so ist das ein Streit um Worte: Die von mir (Erw. 405—406) zitierte Stelle aus meinem Buche S. 331 und die Fortsetzung derselben S. 332, die H. hier zitiert, stehen doch nicht im Widerspruch! Beide zusammen besagen, dass nach mir Aristoteles wohl zugibt, dass im gewöhnlichen Sprachgebrauch „Simon" schon „Rhis" mitenthält, dass er aber diesen Sprachgebrauch für falsch hält, dass man daher jedenfalls von diesem Sprachgebrauch keine Schlussfolgerung gegen seinen in Kap. 4 gewonnenen Standpunkt in der Definitionsfrage ziehen kann. Was H. dagegen sagt, bedeutet, die Gegeninterpretation als Beweis, unter der petitio principii, dass diese richtig ist. Meine Argumente gegen dieselbe werden, wie gesagt, verschwiegen. — Inbezug auf die Frage, ob Aristoteles in Kap. 5 an den Rang der Gattung in der Definition denkt, gibt H. hier zu, dass dies der Fall ist, in so far as genus may not be οὐσία (S. 52), in der „Kritik" hiess es (S. 467): There is not the faintest suggestion of the genus here and its parts in the definition! Es ist aber auch nicht wahr, wie H. jetzt sagt, dass dies nur sehr indirekt geschieht. In meiner Erwiderung habe ich durch Zitate aus Kap. 4 u. 5 (s. Nr. 32 die Uebersetzung von 4, 7!) es klar gemacht, dass dies das Hauptinteresse

Aristoteles in dieser ganzen Diskussion ist. H. schweigt diese Stellen tot (vgl. Nr. 37, 38 wo H. konfuser Weise sich widerspricht, indem er sagt, dass auch ein an sich non-Ousia in die Definition gehört (S. 69), um dann wieder in neue Konfusion zu geraten).

Was H. S. 55 darüber sagt, wie ich seine „Kritik“ hätte behandeln sollen, ist einfach klägliche Selbstverkennung: Ich habe mich auf den Nachweis beschränkt, dass der naive „philologische“ Hochmut H.'s auf Unwissenheit beruht, dass er von den involvierten Fragen und Schwierigkeiten keine Ahnung hatte. Und auch jetzt noch, nachdem er sich die Lektion zu nutze gemacht, konnten wir sehen, wie wenig er der Diskussion dieser Fragen gewachsen ist. Ich konnte in meiner ersten Erwiderung, sowie in der gegenwärtigen, diese Gelegenheit dazu benützen, manche Einzelheiten mehr zu beleuchten, zu einer eingehenden Neuaufnahme der ganzen hier in Betracht kommenden Diskussion gibt H. wahrlich keine Veranlassung. Meine Worte (Erw. S. 403, u.): „Man weiss wirklich nicht, was damit anzufangen, beziehen sich auf H.'s eigene Uebersetzung des fraglichen Satzes in der ersten Aporie, wo H. die gangbare Uebersetzung falsch wiedergegeben hat (s. oben), und wir haben gesehen, dass H. nunmehr dies entdeckt hat. Wenn sich nun H. (S. 55) diesbezüglich auf die Autoritäten beruft, so ist das einfach Bluff. Hier (wie in der nebensächlichen Behandlung der Frage nach dem Interesse Aristoteles an der Stellung der Gattung in der Definition in Kap. 5) liegt das besondere Interesse H.'s an der Verquickung der beiden Aporieen, Nrr. 33—34. Er will das, was ich über seine Interpretation der ersten Aporie sage, auf die der zweiten beziehen, um daraus den Vorwurf abzuleiten, dass ich nicht unterrichtet war, dass ich hier die gangbare Interpretation vor mir habe. Ich aber habe bereits bewiesen, dass es sich umgekehrt verhält. Was noch nötig ist, ist die Aufmerksamkeit des Lesers darauf zu lenken: Bei der ersten Aporie, wo H. die gangbare Interpretation ganz falsch wiedergegeben und damit Aristoteles in Widerspruch und Konfusion verwickelt, sage ich, dass man damit nichts anzufangen weiss, und bringe nur solche Argumente vor, die diese, darunter solche (1 u. 2) die nur diese Interpretation treffen. Bei der zweiten Aporie hingegen, wo H. die gangbare Interpretation ziemlich richtig wiedergegeben und nur die Erklärung von „if analyzed“ schuldig geblieben ist, sage ich, dass er eine mangelhafte Uebersetzung obendrein missverstanden hat. Hier werfe ich ihm vor, dass es sich nach ihm um die „Definition gewisser Merkmale in abstracto" handelt (S. 407), obschon sich das bei ihm nicht findet, nur bei Alexander (und wir haben gesehen, dass H. sich jetzt diesbezüglich in Widersprüche verstrickt — und auch darin, dass er für „Lebewesen" nicht „Mensch" usw. einsetzen will, hält er an der Definition in abstracto fest). H. gibt kein Beispiel für die hier behandelte Definition, ich aber bringe das Beispiel Alexanders beinahe wörtlich bei: „Männlich" ist die Zeugungspotenz eines Lebewesens" (m. Erw. S. 407 — Alexander: ἄρρεν ἐστὶ ζῷον ὁ πέφυκεν ἐν ἄλλῳ γεννᾶν) und knüpfe daran alle Argumente, die ich gegen Alexander vorzubringen habe. Angesichts dieser Sachlage ist es doch ein starkes Stück, mir bei dieser Gelegenheit zu sagen, dass es meine Pflicht war, mich in den Interpreten zu orientieren. H. sagt ferner, dass ich Unbekanntschaft mit den hier involvierten Begriffen der aristotelischen Philosophie verrate. Tatsache aber ist, dass ich die für meine Interpretation zeugenden Parallelen aus Aristoteles, gegen die gangbare Interpretation, selbst beigebracht habe, während H. die Parallelen für die gangbare Interpretation Bonitz entnimmt, um dann zu sagen (S. 50): I(!) have already quoted Aristotle! Mit welchen Begriffen war ich nicht vertraut? Mit der Unmöglichkeit der Definition, wenn das Subjekt in der Definition des Merkmals vorkommt? Aber das ist falsch, trotz Alexander und Bonitz, Aristoteles lehrt das nicht. Mit der Unmöglichkeit der Definition im Sinne der zweiten Aporie? — auch das ist falsch, trotz Alexander und Bonitz. Will H. sagen, dass ich die Stellen nicht kannte? — Sollte ich sie beibringen? Sollte mir das Kap. α 2 unbekannt geblieben sein? Ich widme diesem Kapitel (und dem ganzen Buche α) besondere Aufmerksamkeit, S. 397 und Anm.! Oder war mir das hierhergehörige aus Anal. Post. unbekannt? H. verschweigt dem Leser, dass ich das Verhältnis der Metaphysik zur Anal. Post (und Topik) in der Definitionsfrage ausführlich darlege (m. B. S. 334–346). Angesichts dieser Tatsachen wagt es H., der aus Bonitz zwei Stellen (um mehr handelt es sich nicht) abschreibt, die nach meiner Interpretation nicht zur Sache gehören, und mit deren einen ich mich anderwärts ausführlich befasse, mir Unbekanntheit mit den involvierten Begriffen vorzuwerfen. Das ist eine vermessene wissentliche Unwahrheit eines Abschreibers, der alle von ihm in der „Kritik" angeführten Stellen aus meinem Buche (s. Nr. 12) und alle Stellen hier aus Bonitz „gezogen" hat!

Wie konfus H. in diesen Fragen (Nr. 33, 34) ist, ersehen wir am besten aus seiner Einleitung zur Behandlung der Frage von

Nr. 37. Da sagt er (S. 65): Aristotle's proof that there is no τι ἦν εἶναι of σιμόν consists in showing that though σιμόν is καθ' αὑτό in a certain sense, namely that its definition involves a definite subject, and though it looks like a unity, it is really nothing more than another case of λευκός ἄνθρωπος in disguise. Das ist g e g e n die Interpretation Alexanders, denn nach ihm b e s t e h t ein Unterschied zwischen der Stellung von λευκός zu ἄνθρ. und der von σιμή zu ῥίς. „Weiss" h a t eine Definition für sich . . . . ὥσπερ τὸ λευκόν. τοῦτο γὰρ ἄνευ ἀνθρώπου ἢ ὅλως ὑποκειμένου ὁρίζεται (letzter Satz im Zitat S. 51), während σιμόν, ἄρρεν und ἴσον keine Definition für sich haben. Es ist schrecklich konfus, nach Alexander zu sagen: though σιμόν is etc., das sind eben die Gründe d a f ü r, dass „Simon", „Arren" usw. keine Definition und daher kein W a s haben! (In m. Erw. fragte ich auch, warum die angebliche Unmöglichkeit der Definition das Prädikat „Männlich" seines τῇς, „Zeugungspotenz", beraubt, aber nach Alexander ist dies der Fall, und H. hat dies in seiner Interpretation in seiner „Kritik" — auch dieses Argument bleibt ohne Antwort!). Dieser Satz ist aber richtig nach m e i n e r Interpretation. Nach dieser will Aristoteles in der ersten Aporie in diesen Merkmalen n o t w e n d i g e Merkmale erblicken, um sie als (Teil der) Definition gelten zu lassen. Dann aber wird durch die zweite Aporie die im ganzen nur sprachlichen Charakter hat, gezeigt, dass auch die erste, s a c h l i c h e Aporie im Grunde nur auf sprachliche Ungenauigkeit zurückzuführen ist: „Derlei sprachliche, den eigentlichen Tatbestand verdunkelnde Ungenauigkeiten, und nur solche haben sich als die Grundlage der Aporieen herausgestellt, sind aber keine Instanz gegen das im vorigen Kapitel gewonnene Resultat. In der Sache selbst bleibt es dabei, dass ein Moment, das von einem Anderen ausgesagt wird und somit nur durch Zusatz in die Definition aufgenommen werden kann, nicht zum wahrhaften Sein und nicht in die Definition gehört, ohne Rücksicht darauf, dass es sich um ein notwendiges Merkmal handelt. Das Moment der Notwendigkeit entscheidet eben nicht, sondern der Unterschied zwischen T r ä g e r und P r ä d i k a t" (m. B. S. 332). Natürlich ist das auch nach mir schlecht ausgedrückt, denn nach mir handelt es sich nur um einen T e i l der Definition, aber das ist eben die Folge der Konfusion der beiden Interpretationen. Wenn aber H. d i e s e Auffassung des Resultats von Kap. 5 meiner Auffassung vom Interesse Aristoteles an der Stellung der Gattung in der Definition im gen. Kapitel als

Gegenbeweis anführt, so ist Konfusion ein ganz unzulänglicher Ausdruck dafür (s. Nr. 37). H. braucht mir also wirklich nicht zu sagen, was meine Pflicht in seinem Falle war. Ich sah und sehe auch jetzt noch nur eine Pflicht: einen unberufenen Parasiten gehörig zurückzuweisen!

35. Zur Uebersetzung und Interpretation von τὰ ἄκρα bittet H. den freundlichen Leser, ihm den Nachweis, dass mein Vorwurf, er habe durch seine Interpretation gezeigt, dass er die Stelle nicht verstanden hat, ihn nicht trifft, gefälligst zu erlassen. Also gut. Er versucht nun nachzuweisen, dass meine Interpretation, die wenn richtig, die sehr schwierige, von den Interpreten aufgegebene Stelle gut erklärt, unrichtig ist (S. 57—59). Er bringt vor: 1. „Die Gegensätze" bezieht sich nur auf das Gegensatzpaar. Es ist aber nicht einzusehen, warum Aristoteles nicht die parallelen Glieder zweier Gegensatzpaare, in deren Verhältnis zu eben den anderen parallelen Gliedern derselben zwei Gegensatzpaaren, so bezeichnen könnte, vorausgesetzt natürlich, dass er das sagen will, was ich vermute, nämlich, dass zwischen weisser Hautfarbe und Bildung irgend ein Zusammenhang zu bestehen scheint. 2. Niemand vor mir hätte dieses Verhältnis bei Aristoteles gefunden. Selbst wenn dem so wäre, würde es nichts beweisen, H. hätte aber vorsichtiger sein sollen, seine Kenntnis der Aristoteliker gestattet es ihm gewiss nicht, so sicher zu sein (wieder so ein Analogieschluss). Ich glaube, einen Aristoteliker, ja den Aristotelismus, zu meinen Gunsten zitieren zu können. Der Vertreter der peripatetischen Philosophie, den Hallewi in seinem Al-Chazari zuerst vor dem Chazarankönig auftreten lässt, sagt: „Es gibt einen Menschen, dessen Ursachen vollständig waren, so dass er vollkommen geraten ist, und einen, dessen Ursachen mangelhaft waren, so dass er missraten ist, wie ein Aethiopier, der zu nichts mehr die Disposition hat, als zur Empfängnis der Form des Menschen und der Sprache in äusserster Mangelhaftigkeit" (ed. Hirschf. arab. S. 4, hebr. S. 5). Die Aethiopier haben Jahrhunderte vor dem Entstehen des Islams das, von den Arabern hochgeschätzte Christentum angenommen, und die arabischen Philosophen würden sie auf Grund eigener Erfahrung kaum als unentwickelt hinstellen, und es liegt sehr nahe, dass diese den Aristotelikern geläufige (und daher von Hallewi in deren Credo angeführten) Ansicht auf den Einfluss der bei Aristoteles so häufigen Zusammenstellung von Weiss und Bildung zurückzuführen ist. 3. Diese Idee findet sich nicht bei Aristoteles — ich weiss nicht — aber zugegeben, sie findet sich bei

Plato (s. m. Erw.), das genügt: Aristoteles spricht von sich zuweilen als von einem Platoniker.

Die Stelle in Metaph. IV, 9 spricht nicht gegen meine an sich doch einleuchtende Behauptung, dass wenn zwei Merkmale sich in einem Dinge nur zufällig zusammen finden, sie offenbar untereinander verschieden sind (sie würden sonst stets zusammentreffen!). Aristoteles sagt eben nur, dass solche zwei Merkmale nebenher einander gleich sind, an sich somit von einander verschieden.

36. H. widmet dieser Nummer eine ausführliche Diskussion (S. 59—65), doch wird es mir möglich sein, die hier in Betracht kommenden Fragen in einigen Bemerkungen klar zu legen. S. 59: Neumark wishes etc. Meine Worte „meine eigene Uebersetzung" beziehen sich nur auf die Uebersetzung der „Worte" τόδε τι und τοιόνδε — es sind dies die einzigen Worte des betreffenden Satzes, die H. in seiner „Kritik" übersetzt und meiner Uebersetzung entgegensetzt. Ich halte meine Behauptung von der Identität der Uebersetzung aufrecht (s. w. u.). Das gilt auch von der Behauptung, dass ich in der Uebersetzung von der gangbaren nicht abweiche, wobei ich nur zu bemerken hätte, dass ich mich der lateinischen Uebersetzung angeschlossen habe, die nach dem Satze ᾗ .... τόδε τι ein Fragezeichen setzt. Was ich gegen H. zu sagen habe, ist nur, dass es nicht angeht, Uebersetzung und Interpretation durcheinanderzuwerfen, wie er es tut: S. 60, Z. 3 v. u. translation, S. 61, Z. 1 interpretations!

Ich sagte in meiner Erwiderung, dass ich die Stelle nur besser beleuchtet habe, indem ich auf 8,8 hingewiesen. Damit wollte ich sagen, dass ich in der Uebersetzung nicht nur (alle Differenzen, die H. ausmachen zu können glaubt, treffen auch den deutschen Text), sondern auch in der Interpretation nicht wesentlich abweiche. H. findet folgende Differenz: Nach den von ihm zitierten Interpreten, Alex. und Bonitz, handelt es sich hier um den Vorwurf, dass nach der Ideenlehre das konkrete Ding überhaupt nicht entstehen könnte, während nach meiner Interpretation darum, dass die konkreten Dinge einer Art nicht von einander verschieden sein könnten. Das ist falsch: Die Differenz zwischen meiner Interpretation und der Alexander's ist die: Nach Alexander wirft Aristoteles Plato vor, dass nicht nur die Existenz einer Vielheit von einander verschiedener Individuen einer Art, wie sie die Wirklichkeit bietet, sondern schon die Existenz (nach dem ersten Grunde) des Konkreten überhaupt bleibt nach der Ideenlehre ein unaufgeklärtes Rätsel. Bonitz sagt:

„so würde nicht einmal ein einzelnes Etwas entstehen"! Nach meiner Interpretation hingegen sagt Aristoteles, dass nach der Ideenlehre die Existenz vieler von einander verschiedener Individuen einer Art nicht zu erklären ist, während er das Argument von der nackten Existenz des Konkreten hier nur nebensächlich berührt, indem es vom Gesichtspunkt des Individuations-Problems „nach den Platonikern von jedem Hause ein Haus in der Idee geben müsste" (m. B. S. 340). Da es sich nämlich (auch nach Alex.) nicht um die Erklärung irgend einer imaginären, sondern der wirklichen, also der individuel differenzierten Existenz handelt, so genügt eine Artidee nicht, um die Möglichkeit der Existenz überhaupt zu erklären. Nach Alexander steht das Problem der Existenz, nach meiner Interpretation das der Individuation im Vordergrund des Interesses. Es ist ja auch unmöglich anzunehmen, dass Aristoteles hier von der Verschiedenheit nicht spricht, da dies in 8,8, der Unterschrift des ganzen Kapitels, ausdrücklich im Texte gesagt ist, dass es sich hier um das Problem des Individuationsprinzips handelt: „einerseits ein anderes (verschiedenes) durch die Hyle, (die) ja eine andere (jedesmal verschiedene ist), dasselbe aber durch die Form. Denn unteilbar ist die Form." Auf diesen Satz lege ich in meinem Buch S. 341,1 und in meiner Erwiderung besonderes Gewicht, aber H. schweigt diesen Satz tot!

Was aber liegt dieser Differenz zu Grunde? Wenn H. mein Buch ordentlich gelesen hätte, bevor er sich an die Kritik herangewagt, so hätte er das gewusst. An vielen Stellen meines Buches (I. S. 155, 364, 504, 526 u.; II 418, 437, 449, 459 u.) betone ich, dass Aristoteles gegen die Ideenlehre Platos zwei prinzipielle Einwände erhebt. Erstens die Ideen sind ausserhalb der Dinge, nicht in den Dingen, zweitens die Metexis ist ein dunkles Wort und bezeichnet jedenfalls nicht die Idee als Prinzip des Werdens. Dieser zweite Einwand lässt sich leicht auf den ersten reduzieren: „Die Ideen sind ausserhalb der Dinge" ist deshalb ein Vorwurf, weil sie dadurch als Prinzipien des Werdens disqualifiziert sind. So erklärt es sich, dass sie sehr oft mit einander verwechselt, in einen verschmelzt, oder auch einer für beide genommen werden. Sie sind aber auseinander zu halten (besonders der geschichtlichen Entwickelung zuliebe). Der Einwand von der Ausserdinglichkeit disqualifiziert die Ideen als Erklärungsprinzip des Werdens, weil sie die Verschiedenheit der Individuen nicht rechtfertigen, der Einwand von der Metexis geht weiter und disqualifiziert die Ideen als Erklärungsprinzip des Werdens überhaupt. An unserer Stelle geschah nun dasselbe: Aristoteles spricht hier nicht direkt von Metexis, er bringt nur den Vorwurf der Ausserdinglichkeit vor, aber die Interpreten stellten die Metexis in den Vordergrund, gegen die Absicht Aristoteles. Dadurch verwickelten sie sich in Schwierigkeiten. Denn abgesehen von den Textschwierigkeiten (s.w.u.): beide von Alexander angegebenen Gründe sind, soweit sie die Frage der Entstehung des Konkreten überhaupt betreffen, seine eigene Spekulation, von der kein Wort im Texte zu finden ist. Die von Bonitz angebotene Erklärung ist unannehmbar: 13, 8 ist ein besonderes, von dem unserigen verschiedenes Argument, und, was das wichtigste ist, ist nur gegen das καθόλου gerichtet, gegen Plato ist Kap. 14 gerichtet (s. Nr. 38). Diese Bedeutung hat es, wenn ich in meinen Buche S. 341, 1 sage: „Dies der Sinn der schwierigen Stelle 8, 5, sie wird von 8, 8 beleuchtet". Die zuletzt genannte, oben zitierte (aber von H. verschwiegene) Stelle macht es nämlich über allen Zweifel sicher, dass das Problem der Individuation hier das Hauptproblem ist. Die Stelle ist daher in diesem Sinne zu erklären, womit alle Schwierigkeit geschwunden ist.

Die Situation ist hier ähnlich, wie in Nr. 33: Aus Unkenntnis des Sachverhalts hat H. in seiner „Kritik" die beiden Auffassungen, konfuser Weise, durcheinander geworfen. Wenn H. das hätte sagen wollen, was er jetzt in Alexander gefunden haben will, so hätte er gesagt „concrete" und „abstract". Da er aber sagt: an individual and a universal, a particular and a general", so ist das meine Uebersetzung der Worte τόδε τι und τοιόνδε, und „you could not explain „genesis" of the particular on the theory of ideas", so das Wort „particular" im Gegensatze zu „universal" gebraucht ist, kann nur die Frage nach dem Individuationsprinzip bedeuten. Das griechische τὸ ἕκαστον wird zwar sonst mit „Einzelding" oder „particular" wiedergegeben (nebenbei: warum sagt Aristoteles hier nicht τὸ ἕκαστον, wenn er vom konkreten Einzelding sprechen will?), aber hier in unserer Stelle, kann man von dem Gegensatz: individual — universal nur nach meiner Interpretation sprechen. Und da es sich darum handelte, dieser Interpretation zu widersprechen, hätte H. doppelt vorsichtig in seiner Sprache sein müssen. Den Beweis für meine Behauptung liefert H. selbst: In seiner Erwiderung gebraucht er für τόδε τι „concrete" obschon er (zur Deckung seiner „Kritik") auch „particular" gebraucht, während er für τοιόνδε nicht mehr „universal“ oder „general“ sondern „quale“ gebraucht, (was aber falsch ist, es muss „tale“ heissen), was eben „ein derartiges“ bedeutet! Auch gebraucht er für das Einzelding nicht mehr „individual!“ Wenn aber H. (S. 60 oben) sagt: therefore τόδε τι does not here mean identity, but the reverse, individuality and difference, so besagt der Satz: ἡ . . τόδε τι nach ihm folgendes: Nach der Ideenlehre würde das differenzierte Einzelding nicht zu erklären sein! Das heisst: H. ist so konfus, dass er auch hier den Nachweis, dass nach „seiner“ Interpretation von dem Individuationsprinzip nicht die Rede ist, damit einleitet, dass er den fraglichen Satz im Sinne des Individuationsproblems erklärt!

Die ganze Spekulation H.'s (S. 60), wie ich übersetze, ist belanglos. Ich akzeptiere die gangbare Uebersetzung im Sinne der lateinischen: τόδε heisst „Dieses“ — τοιόνδε heisst „Derartiges“ nach allen Uebersetzungen, die Frage ist nur, wie man interpretiert. Ich modifiziere nicht in der Erwiderung, der Satz vom Produkt bezieht sich auf den folgenden Satz: ἀλλὰ ποιεῖ, der unseren Satz erklärt, und der in m. B. S. 340—341 wiedergegeben ist, ein Satz, der nach der abweichenden Interpretation sehr schwierig ist. 1. Er ist überflüssig, 2. die Materie ist kein τόδε (S. 63), und dann 3. welchen Sinn hat der letzte Teil des Satzes, den H. (S. 63) einfach weglässt? „Und so es erzeugt worden ist, ist „Dieses“ „Derartiges“, hat nach der Gegeninterpretation gar keinen Sinn. Die Spekulation H.'s darüber, was nach meiner Interpretation das Subjekt von ἐγίγνετο ist, spricht dafür, dass er nicht kapiert hat, dass auch hierin durch meine Interpretation eine Schwierigkeit behoben wird. Nach der Gegeninterpretation gibt es einen dreimaligen Wechsel des Subjekts, ohne dass es Aristoteles anzeigt: das Subjekt des ersten ἔστι ist τις σφαῖρα — in der Idee, von ἐγίγνετο ist τόδε τι — das Konkrete, von οὐκ ἔστιν und ποιεῖ καὶ γεννᾷ ist die (aus der Luft gegriffene) Form im Sinne Aristoteles', von γεννήθῃ und ἔστι τόδε etc. ist das Produkt das Subjekt, das Produkt, von dem zu reden Aristoteles nach dieser Interpretation gar kein Interesse hat! Nach meiner Interpretation hingegen ist das Subjekt in den letzten drei Sätzen ohne Schwierigkeit ganz einheitlich: das Formprinzip im Individuum. Ja, auch der erste Satz kann in diese Einheitlichkeit miteinbezogen werden, da ja im Grunde die Idee Platos ebenso das von dem Individuum abstrahierte Allgemeine ist, wie das Formprinzip nach Aristoteles. Vgl. die Parallelstelle VI, 13, 7. 10, wo es klar ist, dass das

Gattungsprinzip (hier Form) im Einzelding das Subjekt ist: von dem Allgemeinen, den dem Individuum innewohnenden Prädikaten, erscheint nichts als τόδε τι, sondern als τοιόνδε; vgl. das. 3, wo es auch klar ist, dass das Individuationsproblem involviert ist; vgl. ferner 14, 2. 3 u. 16,6: In 13 ist die Artdifferenzierung, in 14 die Individualdifferenzierung das Argument. Was H. über ποτε sagt, ist aus seiner mangelhaften Kenntnis des Griechischen zu erklären. Wenn das englische „never" hier einen guten Sinn gibt, so ist es nur im nicht-temporalen Sinne, wie das deutsche „nimmer", im Griechischen aber wäre hier ποτε temporal, was eben keinen Sinn gibt. Nach meiner Interpretation heisst ποτε hier „wohl", oder ähnlich. Wenn Aristoteles hier „niemals", oder auch „nimmer", hätte sagen wollen, so hätte er οὐδέποτε gesagt, ohne das Wort zu teilen!

Was H. über die sachliche Stichhaltigkeit des aristotelischen Argument nach meiner Interpretation sagt (S. 63—65) ist (abgesehen davon, dass ich für die Stichhaltigkeit des Arguments nicht verantwortlich gemacht werden kann), zunächst durch das vorhergehende erledigt. Sein Hauptargument gegen mich: "then the only logical outcome is that the Idea cannot be a cause at all" beruht auf seinem Missverständnis meiner Interpretation: Es handelt sich eben um die Erklärung der Dinge, wie sie sind, und da die verschiedenen Einzeldinge nicht erklärt werden können, so kann die Wirklichkeit überhaupt nicht erklärt werden. Es handelt sich nur darum, welches Argument im Vordergrund steht. Der Einwand ist aber auch an sich falsch: Aristoteles könnte zugeben, dass die Idee, trotz deren Ausserdinglichkeit, irgend ein Prinzip des Werdens ist, und trotzdem den Einwand machen, dass nach der Ideenlehre alle Formqualifikation von der einzigen Idee und nicht von der Materie komme, was die individuelle Verschiedenheit unerklärt lasse.

Zuletzt (S. 65) gibt H. zu, dass es in den drei Kapiteln 7—9 Stellen gibt, in denen Aristoteles das Individuationsprinzip behandelt und es in die Materie verlegt (s. oben Nr. 19, H.'s Erw. S. 26!). Aber welche Stellen sind es und in welcher Verbindung stehen sie mit der Diskussion? In welchem Zusammenhang steht mit der behandelten Stelle die folgende (8, 7): Bei manchen, nämlich den Naturdingen, ist es doch klar, dass das Zeugende ein solches ist, wie das Gezeugte, doch aber nicht dasselbe und nicht eins der Zahl, sondern der Form nach etc.? Und welche Stellung kommt der oben zitierten Unterschrift des Kapitels zu, in welcher

(8, 8) des Individuationsprinzip in die Materie verlegt wird? Man sieht, H. operiert nach seiner alten Methode — alles Unbequeme wird einfach verschwiegen. Und diese Schwierigkeiten existieren selbst für die richtig verstandene Gegeninterpretation, die das Problem der Individuation nur in den Hintergrund rückt, um wieviel mehr aber nach der missverständlichen Auffassung H.'s, die diese Frage ganz eliminiert.

Auch diese Nummer beweist, dass H. die von ihm in der Erwiderung zitierten Stellen während der Abfassung der „Kritik" nicht gekannt hat. Meine Vermutung (Erw. S. 410 E.): „Er fand in eine Uebersetzung etwas anders lautende Worte" findet ihre glänzende Bestätigung. Es ist also nicht H., dessen Geduld auf die Probe gestellt wird, sondern ich, indem es mir auferlegt ist, mich mit einem „Aristoteliker" zu befassen, der nicht wusste, was das Individuationsproblem bedeutet!

Zum Gebrauch von τοιόνδε als ein „ähnliches" vgl.: Rhetor. II 20,2: Ἔστι δὲ τὸ μὲν παράδειγμα τοιόνδε τι.

37. H. macht hier den Leser durch ein langes Geschwätz müde (S. 65—76), ohne der Sache, die er vertreten will, etwas helfen zu können. Es handelt sich um die Kapitel 10 u. 11. Nach meiner Interpretation hat das sechste Buch der Metaphysik, mit dessen drittem Kapitel die eigentliche Diskussion der Metaphysik erst beginnt (s. m. B. S. 319—322), einen fest umschriebenen, systematisch entwickelten, für die Frage der letzten Prinzipien des Seins äusserst gewichtigen Inhalt: Aristoteles beginnt mit der Feststellung der vier Dinge, die als Ousia in Betracht kommen: das Artprinzip (τηε), das Allgemeine (τὸ καθόλου), d. h. die notwendigen Merkmale, das Gattungsprinzip (γένος) und die Hyle. Dann aber werden das Allgemeine und die Gattung als nicht-ὑποκ. sofort für Ousiai minderen Grades erklärt und zunächst von der Untersuchung ausgeschlossen (3,1.2). Die Untersuchung dreht sich nur um die Frage, ob die Hyle oder das Artprinzip (τηε — von dem das γένος ausdrücklich ausgeschlossen ist!) die eigentliche Ousia ausmacht, und gelangt zur Schlussfolgerung, dass nur die Artprinzipien Ousia sind und daher den einzigen Inhalt der Definition bilden (Rest v. Kap. 3 u. K. 4; besonders 4, 7, zitiert in m. Erw. Nr. 34 Anf., wo es ausdrücklich gesagt ist, dass nur den Artprinzipien, in die eine Gattung zerfällt, das τηε innewohnt, und daher nur diesen eine eigentliche Definition zukommt). Dann kommt Kap. 5, das die oben behandelten Aporieen vorbringt, welche das erzielte

Resultat insofern erschüttern, als sie auf notwendige Merkmale (d. Allgemeine) hinweisen, die unmöglich von der Ousia ausgeschlossen werden können. Diese Aporieen lösen sich aber dann in sprachliche Ungenauigkeiten auf, sodass das Resultat von Kap. 4 bestehen bleibt. Die Ausschliessung der notwendigen Merkmale von Ousia und Definition ist aber doch schwierig, als ja deren Notwendigkeit dafür spricht, dass sie zur Ousia gehören. Dieser Frage widmet Aristoteles Kap. 6, mit dem Resultat, dass das Allgemeine zwar nicht Ousia ist, aber doch mit dem Inhalt der Ousia identisch. Diese Auskunft wird durch die folgende Diskussion erklärt: In Kap. 7—9 behandelt Aristoteles die Frage des Individuationsprinzips, um die zufälligen Merkmale zu erklären. Diese werden der Hyle zugeschrieben, sodass die Stellung der notwendigen Merkmale dadurch klarer hervortritt. Sie gehören nicht zur Hyle, aber auch nicht zur Ousia, sondern sie sind mit dem Inhalt der Ousia identisch. Was damit gemeint ist, ist noch nicht klar. Die Aufklärung beginnt mit Kap. 10. Bis jetzt hat Aristoteles nur die eine der beiden oben (Kap. 3,2) zurückgestellten Ousia-Möglichkeiten in die Diskussion gezogen, während das Genus nur im Hintergrund (als letzte Absicht) erschien (s. oben Nr. 33). Das Genus wird nun in Kap. 10 in folgender Weise eingeführt: „Den Ausgangspunkt bildet die Frage, inwiefern die Teile eines Begriffs dem ganzen Begriff, der ja den Inhalt der Definition ausmacht, innewohnen müssen, und in welchen Fällen und in welchem Sinne die Teile eines Naturdings früher oder später sind als das Ganze“ (m. B. S. 341). Die Antwort ist: alle Begriffe, die zur Ousia gehören, bilden einen Teil der Definition und sind früher als das Ganze, die stoffbehafteten Begriffe hingegen gehören nicht in den eigentlichen Begriff und somit auch nicht in die eigentliche Definition und sind später als das Ganze (Kap. 10, 1—9). Jetzt führt Aristoteles das oben (3, 2) ausgeschlossene Genus in die Diskussion ein, indem er ihm dieselbe Stellung anweist, welche die Untersuchung für das Allgemeine τὸ καθόλου, die notwendigen Merkmale, ergeben hat. Er sagt: „Bei den Tieren, wenn man keine besondere Art derselben ins Auge fasst, ist die Seele als Lebensprinzip das Was, das Wahrhaft-Seiende. Und da gilt der besagte Unterschied . . . . Fasse ich aber ein Tier in seiner bestimmten Art ins Auge, wie einen Menschen oder ein Pferd, dann wird das Gattungsprinzip, die lebende Seele, das Allgemeine, das nicht mehr als zur Form gehörig aufzufassen ist. Das Lebensprinzip gehört freilich in den Begriff des Menschen . . . . . Allein dieses Allgemeine, das Lebensprinzip, gehört zum Stoff“ .... dem *letzten* Stoff, der all jene notwendigen unteren Prinzipien bereits darstellt (10, 10—14; m. B. S. 341—342). Jetzt sind bereits alle vier Momente in die Diskussion gezogen, was übrig bleibt, ist, zu zeigen, *wie* die neue Einsicht, dass die niederen Prinzipien zum letzten Stoffe gehören, den Satz, dass das Allgemeine, welches jetzt auch schon die Gattung mit einbegreift, zwar mit dem Inhalt der Ousia identisch ist, zur Ousia selbst jedoch nicht gehört, aufklären wird. Dazu bahnt Kap. 11 den Weg, in welchem Aristoteles die Frage der *Einheit* der Definition aufwirft, und nachweist, dass es bei Naturdingen, die immer in *demselben Stoffe* erscheinen, sehr schwer ist, zu behaupten, dass das Stoffliche von der Ousia und der Definition auszuschliessen ist. In Kap. 12 führt Aristoteles die Diskussion der Einheitsfrage fort, erbringt dann in diesem Zusammenhang noch mehrere Beweise dafür, dass das Allgemeine und das Gattungsprinzip nicht zur Form gehören, Kap. 13—16 (s. m. B. S. 345), um dann zum Resultat zu gelangen, dass selbst ein zur Form gehöriges Prinzip nur dann in die Definition gehört, wenn es zugleich die *Ursache* der *letzten* Veränderung und der höchsten Vervollkommnung des Naturdings ist, also das *Artprinzip*. Alle anderen Momente des Formprinzips gehören zum letzten Stoffe (Kap. 17). Das Resultat des *sechsten* Buches der Metaphysik: Nur das Artprinzip ist Ursache, daher Inhalt der Definition, das Allgemeine, einschliesslich des Gattungsprinzips, hingegen, da es nicht Ursache der höchsten Vervollkommnung ist, gehört zum letzten Stoffe, dem das Artprinzip zur höchsten Vervollkommnung verhilft. Dieses Allgemeine gehört nicht zur Ousia, aber ist mit dem Inhalt der Ousia identisch. Wir haben nun auch schon den *letzten Grund* dafür, dass das Allgemeine einschliesslich der Gattung nicht zur Ousia, sondern zum letzten Stoff gehört, was es aber heissen soll, dass es trotzdem mit dem *Inhalt* der Ousia identisch ist, wissen wir noch nicht. Diese *Aufklärung* bringt das *siebente* Buch, in dem die Lösung (nach der Behandlung des Problems des Werdens vom Standpunkt der Metaphysik; s. Nr. 20 u. 40) erst im letzten Kapitel (6) erreicht wird: „*Es ist aber, wie bereits gesagt, der letzte Stoff und die Form* (hier μορφή = εἶδος) *ein und dasselbe, nur ist das eine* (der Stoff) *das fragliche Ding dem Vermögen nach, das andere* (die Form) *hingegen das Ding der Wirklichkeit nach*“: 8: Ἔστι δ’ ὥσπερ εἴρηται ἡ ἐσχάτη ὕλη καὶ ἡ μορφὴ ταὐτὸ καὶ δυνάμει, τὸ δὲ ἐνεργείᾳ (m. B. S. 366 u. Anm.).

Damit hat Aristoteles erklärt, was darunter zu verstehen ist, dass das Allgemeine (einschl. d. Gattung), weil es nicht zur Ursache der höchsten Vervollkommnung gehört, nicht zur Ousia, sondern zum letzten Stoffe gehört (während die zufälligen Merkmale zur Hyle überhaupt gehören), zugleich aber doch mit dem Inhalt des Wahrhaft-Seienden identisch ist. Der letzte Stoff stellt bereits das Artprinzip in potentia dar: Sehen wir, z. B., von dem Artprinzip „Mensch“ ab, dann stellt „Mensch“ minus Denkvermögen ein der Art nach unbestimmtes Tier dar, aber ein solches, dass bereits alle Bedingungen hat, die es für das Denkvermögen disponieren, d. h. das Denkvermögen in potentia.

Man vergleiche nun mit dieser meiner systematischen Entwickelung der Metaphysik irgend eine der existierenden Uebersetzungen oder dem Text folgenden Darstellungen, und man wird bald finden, von welchem grossen Wert der Gesichtspunkt der zwei Standpunkte ist. Der Metaphysik Aristoteles fehlt in allen textlichen Darstellungen jeder sichtbare Plan und jede systematische Entwickelung, die Untersuchungen erscheinen oft als schrullenhafte Ermüdung der Gedanken in abstrusen Absurditäten. Das gilt besonders auch von den Kap. 10 u. 11 des sechsten Buches. Vieles von dem, was H. zur Verteidigung der gangbaren Interpretation (die ich in m. B. S. 342—343 ausdrücklich ablehne) sagt, ist zwar auf das Kerbholz seiner Unwissenheit und Schwerfälligkeit zu schreiben. Aber im ganzen beruht die Vergeblichkeit seiner Verteidigung auf der Unzulänglichkeit der gangbaren Interpretation. Und wenn ich auch nicht glaube, dass H. in der Lage war, meine Darstellung so präzise zu erfassen, wie ich sie eben in einigen Sätzen skizziert habe, so muss er doch so viel gesehen haben, dass nach meiner Darstellung die zwei Kapitel eine systematisch wichtige Stellung und einen systematisch entwickelten und gewichtigen Inhalt haben, während dies nach der Gegeninterpretation nicht der Fall ist; dass ferner nach mir ein jeder Satz eine wichtige Funktion erfüllt, während nach der gangbaren Interpretation das meiste überflüssig ist und auch die ganzen zwei Kapitel (wie ja vieles andere auch) ausgeschieden werden können, ohne dass man sie irgendwie vermissen würde. Aber H. ist entschlossen, zu widersprechen, um jeden Preis, er schrickt vor keiner Absurdität zurück.

Das werden die nachfolgenden Bemerkungen zu seinen ermüdenden Tiraden bestätigen, in denen er das nachzutragen versucht, dessen Mangel ich seiner „Kritik“ vorgeworfen, nämlich die Darlegung des

Inhalts der beiden Kapitel nach der Gegeninterpretation und der Gründe, warum meine Interpretation, die den beiden Kapiteln, wie der ganzen Metaphysik, systematischen Sinn und Wert verleiht, keine Gunst in seinen Augen gefunden.

Auf die Konfusion, welche bezüglich der in Nrr. 33—34 behandelten Fragen (Kap. 5) bei H. hier herrscht, habe ich bereits dort hingewiesen. Er sagt nun, dass da Kap. 5 nicht vom Genus spricht, meine Sache für Kap. 10 schwächer wird. Wir haben nun oben Nr. 34 gesehen, dass H. dort e r s t e n s seinen „Standpunkt" in Wahrheit aufgibt, und zweitens auch dem S c h e i n e nach meiner Interpretation nur deshalb zu widersprechen wagen kann, weil er die von mir zitierte Stelle in Kap. 4, 7, wo Aristoteles das Genus a u s d r ü c k l i c h von der Ousia und der Definition ausschliesst (wodurch dies auch für Kap. 5 wo Aristoteles d i e s e l b e Ousia festhält, entschieden ist), einfach v e r s c h w i e g e n hat (s. die Uebers. von 4,7 in Nr. 32). Er wagte es dort nicht, von Kap. 4 zu sprechen, auch hier wagt er es noch nicht. Am Ende des gegenwärtigen Geredes jedoch hatte er schon offenbar nichts mehr über Kap. 4 gewusst und so wagt er es, mit gewohnter Treffsicherheit zu sagen (S. 76), dass auch im Kap. 4 vom Genus nicht die Rede ist, ohne auch nur den geringsten Versuch zn machen sich mit der, von mir in meiner Erwiderung zitierten Stelle irgendwie abzufinden. Nun, jetzt habe ich weiter darauf hingewiesen, dass die Ausschliessung des Allgemeinen und des Gattungsprinzips von der eigentlichen Ousia, und v o r l ä u f i g auch von der Diskussion bezüglich deren Stellung zur Ousia, bereits in Kap. 3 stattgefunden hat. Ich habe auch, stets an der Hand der Darstellung in meinem Buche, auf jene Stellen hingewiesen, wo Aristoteles diese beiden zurückgestellten Momente, wieder in die Diskussion zieht. W o aber tut dies Aristoteles nach der Gegeninterpretation? H. widmet dieser Frage nicht e i n Wort! Er hat keine blasse Ahnung vom Plane Aristoteles, w e i s s g a r n i c h t, d a s s diese Frage zu behandeln ist, hat überhaupt kaum eine adäquate Vorstellung von dem, worum es sich eigentlich handelt.

H. beginnt (S. 65): It is not intended to show" die Identität des Inhalts etc. . . . . H. war eben nicht in der Lage, das Feld zu überblicken: E r r e i c h t wird dieser Zweck erst in VII, 6, 8, aber die Frage in VI, 10 bildet „den Ausgangspunkt" (m. B. S. 341 besonders S. 343 Anfang: „Diese Auskunft (sc. das Resultat von Kap. 10) . . . soll die Lösung . . . durch den Satz von der Identität . . . . enthalten, doch sehen wir noch nicht . . . dazu bahnt sich nun Aristoteles den Weg . . . Kap. 11)," die Identitätsfrage ist „der eigentliche Zweck der Diskussion“ (m. Erw. S. 411). Die Dinge liegen eben nicht so schön beisammen, dass sie H. übersehen könnte. Dann (S. 66) zitiert er den oben (in der Inhaltsangabe des sechsten Buches) zitierten Satz meines Buches S. 34, mit Weglassung des die Definition als den Behandlungsgegenstand einführenden Relativsatzes, und sagt, er wisse nicht, was ich meine, ich aber wisse, und gibt den Inhalt des weggelassenen Relativsatzes gleichsam incognito wieder. Dann gibt er den Inhalt der Aporie bezüglich der Teile eines Begriffs, losgelöst von der von Aristoteles zusammen mit der ersten behandelten zweiten Aporie von der Priorität der Teile (3f.) und losgelöst von der Definitionsfrage, um dann zu sagen (S. 67): This is practically all that chapter ten contains und die eigentliche Stelle (10), um die es sich handelt anzuführen (67—68). Dann wird die oben weggelassene Aporie nachgetragen, um unsere Stelle als eine Illustration speziell dieser Aporie zu interpretieren. Wozu dieses ganze Geschwätz? Es war einfach mit der Frage anzufangen, ob diese Stelle das Genus als Allgemeines erklärt, oder nicht. H. widerspricht doch nicht, dass die Aporieen auf die Definitionsfrage hinzielen? Später wenigstens gibt er das zu (S. 69 oben: and hence part of the definition), allerdings um dann wieder zu widersprechen (s.w.u.), er ist eben ganz konfus.

Zur Sache: This passage as being an illustration etc. Warum gerade nur zur zweiten Aporie? Aristoteles hat beide Aporieen zusammen behandelt (es regt sich der Verdacht, dass H. hier nicht in den Text Aristoteles Einsicht nahm, sondern einer Darstellung folgte, in der die beiden Aporieen getrennt behandelt werden), auch kommt unsere Stelle auf die Ousia-Frage im Allgemeinen zurück, betrifft somit auch die erste Aporie, die in Wahrheit der zweiten (auch in der Lösung) zu Grunde liegt (s. m. Buch und oben Inhaltsangabe). Es ist auch nicht wahr, dass Aristoteles im vorhergehenden für die zweite Aporie nur auf Kunstdinge exemplifiziert hat, sodass unsere Stelle die Illustration an Naturdingen nachträgt, er sprach oben (9) vom Finger des Menschen und der Schlusssatz: Ὥσθ' ὅσα κτλ. bringt schon das Endresultat, zu dem das folgende nach der gangbaren Interpretation nichts hinzufügt. Was H. im folgenden sagt, zeigt an, dass er meine Darstellung nicht verstanden hat; ich sage (m. B. S. 342): „Bei den Tieren, wenn man keine besondere Art derselben ins Auge fasst (ich sage also das Gegenteil von refer to horse rather than to man — man kann ein beliebiges, reales, lebendiges Tier-Individuum nehmen — man muss nur von dessen besonderer Art absehen). . . . Fasse ich aber ein Tier (ich meine auch hier ein reales Tier-Individuum vgl. w. u. „bei der Definition des Einzeldings") in seiner bestimmten Art ins Auge, dann wird (!) das Gattungsprinzip, die lebende Seele, das Allgemeine, das nicht mehr als zur Form gehörig aufzufassen ist". Das καθόλου hier ist dasselbe, das oben in Kap. 3 zurückgestellt worden ist, und die lebende Seele ist das Genus, das dort zurückgestellt worden ist. Vom Satze in 11: ὁ δ' ἵππος κτλ. sagte H. in der „Kritik", er habe die Funktion, die platonische Idee als ein aktuell Seiendes auszuschliessen, hier sagt er, es soll dem universal der Ousia-Charakter genommen werden. Keines von beiden hat etwas mit der Diskussion unseres Kapitels zu tun. Sollen beide Fassungen dasselbe besagen? Das würde Aristoteles doch anders ausdrücken, etwa wie in der vorigen Nummer. Denn darüber, dass der Begriff des universal den Begriff der Ousia deckt, gibt es doch keine Kontroverse. Wenn ferner καθόλου hier die platonische Idee bezeichnet, welchen Sinn hat καθ. als „living beings", wenn man nicht, wie nach meiner Interpretation von der Art absieht, es gibt kein living universal! Was H. meint mit ἄνθρ. καθ. is not the genus, ist mir unerfindlich. Nach meiner Interpretation handelt es sich doch gar nicht um ἄνθρ. καθ., sondern um das καθ. im Menschen, wie in Kap. 3, 1. Davon ferner, dass Aristoteles hier die Nicht-Zugehörigkeit des Gattungsprinzips zur eigentlichen Ousia und zur Definition beweist, ist in meinem Buche nichts gesagt, im Gegenteil, es wird ausdrücklich gesagt, dass dies erst in den Kap. 12—17, vermittels der Diskussion des Einheitsproblems, begründet wird. Das Zitat aus Cat. 5 hat nur einen Sinn, wenn man die Gegeninterpretation als Gegenbeweis behandelt, wie H. dies vielfach auch in der gegenwärtigen Frage tut. Nach meiner Interpretation ist das eben die Differenz zwischen Organon-Physik und Metaphysik (m. B. S. 334 u. 325—346). Das allein rechtfertigt ja auch die Diskussion des Definitionsproblems in der Metaphysik, nach der Gegeninterpretation müsste sich die Metaphysik in all diesen Fragen auf das Organon verlassen! Aristoteles sagt auch gar nicht (auch nicht nach der gangbaren Interpretation), dass das καθ. nur nicht die Ousia, wohl aber ein Teil der Ousia ist, sondern, nach dem Zusammenhang der ganzen Diskussion, dass es nicht einmal ein Teil der Ousia ist. Und dann, was wenn die Behauptung Aristoteles nicht begründet ist? Aristoteles sagt hier, auch nach der gangbaren Interpretation, dass das καθ- nicht Ousia ist (und somit nicht in die Definition gehört), er widerspricht also seiner Behauptung im Organon (diesen Widerspruch konstatiert Bonitz zu Kap. 12 — s. H.'s Erw. S. 72). — This, he says, is not composed of ὕλη καθόλου etc. Was soll denn ὕλη καθ. heissen? (alle Formprinzipien gehören ja nach der Gegeninterpretation zur Form — καθ.) — Urhyle? Aristoteles sagt sonst πρώτη ὕλη, oder ἡ ὕ. ἡ πρ. In einem Satze, in dem καθ. für die platonische Idee gebraucht wird, kann nicht derselbe Ausdruck für Hyle oder gar Urhyle gebraucht werden. Die angeführten Stellen, wo Aristoteles καθ. und ἐσχ. einander entgegensetzt, haben mit ἐσχάτὴ ὕλη nichts zu tun, dort ist von Hyle nicht die Rede. Wenn Bonitz und Waitz diese Stellen zur Erklärung der unsrigen anführen, so tun sie das, weil sie mit unserer Stelle sich keinen Rat wussten. Die richtige Parallelstelle zu der unsrigen ist die oben, in der Inhaltsangabe zitierte Stelle Metaphysik VII,6,8, wo derselbe Ausdruck, ἐσχ. ὕλη gebraucht wird, und welche auf unsere Stelle direkten Bezug hat. Dort aber sagt Aristoteles ausdrücklich, dass die letzte Hyle alle niederen Formprinzipien aktuell enthält und daher auch das Artprinzip in potentia. Wenn nun H. hier zuversichtlich sagt: ἐσχ. ὕλη does not include the principle of life, so hätte er sich mit VII, 6, 8 auseinandersetzen müssen. Er tut das nicht, entweder, weil er mein Buch kritisiert, ohne es ordentlich gelesen zu haben, oder er verschweigt diese Stelle wie oft. H. fährt fort (S. 69—70): Neumark says . . . and exclude it from the definition." Die hier zitierte Stelle aus de anima III beruht in der Tat auf Aristoteles Standpunkt in der Metaphysik (wobei an die von H. auch in seiner „Kritik" ignorierte Tatsache vom besonderen Standpunkt dieser Schrift zu denken ist, s. Nr. 12 m. Erw.), und da Aristoteles alles ausser dem aktiven Denkvermögen in die Materie setzt, so gehört eben die ganze Seele ausser dem (aktiven) Denkvermögen oder das Lebensprinzip einschliesslich aller unteren Prinzipien und des potentiellen Denkvermögens (im Sinne von Metaphys. VII, 6, 8) zur Materie und gehört, nach Aristoteles ausdrücklicher Lehrmeinung in unserem Kap. 10, eben nicht in die Definition. Es ist einfach unfreiwillige Komik, wenn H. diese, meine Interpretation glänzend bestätigende Stelle zitiert und dann hinzufügt: But this does not warrant us in relegating all except the active reason to matter and exclude it from the definition — aber warum nicht? Aristoteles sagt es ausdrücklich, wenn man unser Kapitel mit der von H. vernachlässigten Stelle VII, 6, 8 zusammenhält. In der Tat, H. ist bald gezwungen, die Waffen zu strecken und alles zuzugeben, obschon er dies in Worten tut, die Ja und Nein in konfusem Durcheinander bedeuten (S. 71): Aristotle ist not relegating the genus to the matter in the sense that it belongs to the body... the genus in it and the εἶδος are related as matter and form... The genus cannot therefore be excluded in reality from the definition, though it may be excluded verbally. Was soll hier die Unterscheidung von „Körper" und „Materie" bedeuten, angesichts der Erklärung Aristoteles in VII, 6, 8, dass die letzte Hyle alles ausser dem Artprinzip aktuell enthält und selbst dieses in potentia? Was soll es heissen, dass Aristoteles das Genus nur verbaliter, aber nicht auch realiter von der Definition ausschliesst? Eine jede Definition ist verbal! Oder soll das heissen, es ist ein Teil der Realität, obschon es von der Definition ausgeschlossen wird, das wäre gegen die ausdrückliche Lehrmeinung Aristoteles in unserem Kapitel (nach der Gegeninterpretation, nach der es in der eigentlichen, Gattung und Art umfassenden Ousia und Definition Teile gibt), dass ein Teil der Realität eo ipso ein Teil der Definition ist (S. 69 sagt H. selbst, dass ein Teil der Ousia ein Teil der Definition ist — s. w. u.). Und dann, hier handelt es sich eben blos um die Frage, ob Aristoteles das Genus aus der Definition ausschliesst, und wenn H. das zugibt, dann hat er alles zugegeben. Die Ausschliessung des Genus von dem höchsten Grade der Realität und die Zuteilung dieser ausschliesslich dem Artprinzip ist in VI, 3 u. 4 ausdrücklich gegeben und hier nur wiederholt und ausgeführt. Der einzige Unterschied, der hier gemacht werden kann und von Aristoteles auch gemacht wird, ist der von eigentlicher und uneigentlicher Definition. In der uneigentlichen, d. h. philosophisch ungenauen Ausdrucksweise, kann man auch das Genus mit in die Definition einschliessen. Man kann daher eher umgekehrt sagen: Realiter, d. h. wenn man philosophisch genau sein und durch die Definition den Grad der Realität bezeichnen will, dann ist das Genus auszuschliessen; verbaliter hingegen, d. h. wenn man blos eine praktische Beschreibung geben will, dann braucht man das Genus nicht auszuschliessen, (s. Nr. 42, wo H. sich selbst widerspricht).

Diese letztere Stelle in H.'s Erwiderung ist das Resumé seiner Behandlung von Kap. 12 (S. 70—72), vorher (S. 70) greift er auch schon auf Kap. 13 über, wir wollen aber dies zur nächsten Nummer, die sich mit Kap. 12 beschäftigt, schlagen. Zu Kap. 10 bittet H. um Entschuldigung dafür, dass er mir ungerechterweise einen groben Fehler in der Uebersetzung zugeschrieben (S. 72), und dankt mir für die Aufklärung der Textverderbnis an der behandelten Stelle (S. 74).

Die Entschuldigung soll ihm nicht versagt werden, ich nehme diesbezüglich den Vorwurf der Hinterhältigkeit zurück. Dieses Zugeständnis bedeutet aber die Bestätigung meines Vorwurfs, dass H. bei der Lektüre und „Kritik" meines Buches äusserste Oberflächlichkeit sich hat zu schulden kommen lassen. H. fährt aber fort (S. 72 unten): The fact is, he still renders inaccurately the accepted meaning of the passage! Das ist zunächst komisch: ich gebe doch zu, dass ich von der gangbaren Uebersetzung abweiche. Dann aber ist es nicht richtig, dass ich in dem von H. hier behandelten Punkte von der gangbaren Interpretation abweiche: in einem schleppenden, bereits gesagtes wiederholenden Diskurs (S. 72—75) will H. dem Leser beibringen, dass 10,12: μέρος μὲν οὖν κτλ. mit der Definitionsfrage nichts zu tun hat und nur resumierend aufzählen will, bei welchen Realitäten man von Teilen sprechen kann. Nun, dass dieser Satz eine „Zusammenfassung" ist, habe ich fortwährend in meiner Erwiderung betont (s. Nachtrag S. 430,3 431,5). Wozu also die Anstrengung, nachzuweisen, dass dieser Satz nichts neues besagt? Wohl um zu verdecken, dass ich eben auf Grund dieser Tatsache H. Hinterhältigkeit vorgeworfen, wofür er hier nicht um Entschuldigung bittet: „Es ist nun klar, dass meine Interpretation sich auf 11 stützt, wo Aristoteles diesen Gedanken mit aller wünschenswerten Klarheit und Deutlichkeit ausspricht, während ich auf 12 nur nebenher hinweise" (Erw. S. 413). Wozu also das Spiegelgefecht gegen mein Argument aus 11? Dann aber: gerade die Tatsache, dass dieser Satz eine Zusammenfassung ist, macht es ja notwendig, dass er sich auf die Definition bezieht, da es in diesem Kapitel kein anderes Problem als eben das Definitionsproblem gibt. Wo wurde in diesem Kapitel die Frage aufgeworfen, welche Realitäten in Teile zerfallen? Die Tatsache, dass alle Realitäten Teile haben, ist die selbstverständliche Voraussetzung. Es gehört krasse Unwissenheit dazu, diesen Satz so zu interpretieren, wie H. es tut. Und welches Interesse hat Aristoteles an der Konstatierung, dass die Urhyle Teile hat? H. sagt (73 u.): No one claims that he means here πρώτη ὕλη. Das ist Unsinn. Bonitz, um dessen Interpretation es sich handelt, kommt zu seiner Emendation, um zu dem εἶδος ἄυλον des Asclepius' eine Parallele zu erhalten. Wenn Aristoteles hier für relative Hyle ὕλη αὐτή im Gegensatz zum σύνθετον, sagt, dann hätte er auch εἶδος αὐτόν sagen müssen. Ueberhaupt: Wenn Aristoteles hier nicht, wie nach meiner Interpretation, eben die Modifikation vornimmt, dass wir unter Hyle als der einen Komponente des konkreten Einzeldings nicht gleich Urhyle zu verstehen und alle Formprinzipien desselben als die andere Komponente der Urhyle entgegenzusetzen haben, dann muss man hier Hyle als Komponente des Einzeldings als Urhyle verstehen; da ja eine jede relative Hyle schon für sich ein Synolon ist, somit nicht diesem gegenüber als etwas besonderes, als drittes Moment, aufgezählt werden kann. Er zitiert die Uebersetzung Bonitz': „Teile gibt es also sowohl von der Formbestimmung (unter Formbestimmung verstehe ich das Wesenwas) als von dem aus Form und Stoff zusammengesetzten als von dem Stoffe selbst." Die Uebersetzung würde durchaus nicht besser werden, weil sie Bonitz hat, aber es liegt nicht der mindeste Grund vor, H.'s Unsinn in die Worte Bonitz hineinzutragen. Bonitz bemüht sich, den Text soviel als möglich wörtlich zu übersetzen. Die Worte Bonitz' müssen eben verstanden werden: „(Zur Definition gehörige) Teile gibt es." Wie konfus H. in der Sache ist, ersieht man am besten, wenn man seine Interpretation unseres Satzes mit seiner eigenen Formulierung des Problems unseres Kapitels vergleicht (S. 66): The concept corresponds to the thing. The concept consists of parts, and so does the thing (wohlgemerkt). Now the question is, must the concept of the parts of the thing form part of the concept of the whole thing? Ebenso (S. 68): are the parts always prior to the whole or not? In keinem Falle also hat es sich um die Frage gehandelt, ob die Form, das zusammengesetzte Einzelding, oder die Hyle (relative oder Urhyle) Teile habe oder nicht: das war die Voraussetzung. Darin, dass die Zusammenfassung mit der Definitionsfrage nichts zu tun hat, stimmt H. zwar mit dem überein, was er in der Formulierung des Problems am Anfang sagen zu wollen den Eindruck macht, aber wir haben gesehen, dass er dies vielfach aufgegeben hat (S. 69—71), nur dass er darin so konfus ist, dass er es gar nicht merkt. Vergleiche die Kritik S. 469, wo H. die Frage ziemlich richtig definiert: what part of the thing are also parts of the definition and what parts are not — da folgt er beinahe wörtlich meiner Formulierung. Hier hingegen, wo er gezwungen war, gegen mich Argumente vorzubringen, ist er ganz konfus.

Aus Kapitel 11 reisst H. einige Sätze aus dem Zusammenhang heraus und sagt (S. 75), dass der freundliche Leser, der seinen Ausführungen über Kap. 10 gefolgt ist, schon einsehen werde, dass er auch in Bezug auf Kap. 11 recht habe. Da ich aber dem freundlichen Leser gezeigt habe, dass H. in seinen Tiraden zu Kap. 10 ganz konfus ist, so brauchte ich auf Kap. 11 gar nicht einzugehen.

Ich will jedoch zur Vervollständigung der systematischen Entwickelung der Metaphysik, den Inhalt von Kap. 11 skizzieren und bei Gelegenheit auf die „Argumente“ H.'s eingehen. Zunächst was H. zum Inhalt von Kap. 11 sagt (S. 75—76) ist mangel- und lückenhaft und falsch. Was ich in meiner Darstellung gesagt: „Hierin (nämlich in der Unterscheidung von Stoff und Form) besteht bei den Naturdingen . . . eine grössere Schwierigkeit als bei den Kunstdingen“ (S. 343), beruht auf 2f., wo Aristoteles die Schwierigkeit nicht löst, wie H. sagt, sondern bestehen lässt (3: ἄδηλον δὲ πότε ist das letzte Wort darüber vor der Einführung der Eklektiker). Was H. als das Ergebnis der Untersuchung angibt, nämlich, dass wir uns nicht durch die Beständigkeit des Materials verleiten lassen, etwas Stoffliches zur Form zu schlagen, steht nicht im Texte und ist auch ein Unsinn, solange Aristoteles dafür keine feste Regel zu geben weiss. Diese arbeitet er aber erst in den folgenden Kapiteln heraus: Die Ursache der höchsten Vervollkommnung ist die reine Form, alles andere gehört zur letzten Materie, die alle unteren Prinzipien in actu und das höchste Prinzip in potentia enthält (VI, 17—VII, 6, 8). In der Wiedergabe der Ansicht der Eklektiker (ein Ausdruck, dem H. in seiner „Kritik“ die falsche Bezeichnung „Platonist or (!) Pythagoreans“ entgegensetzte, hier aber in der Variation „Pythagorean Platonist“. stillschweigend adoptiert!) hat H. offenbar (ebenso, wie in Nr. 42) nicht verstanden, dass Linien und Stetigkeit allen Kunstformen zu Grunde liegen und sie darstellen im Prinzip. Erst dieseErwägung, zu der sie nach der Analogie des Menschen gekommen sind (da Linien und Stetigkeit der Kunstform ebenso unentbehrlich sind, wie Fleisch und Knochen dem Menschen), führte sie zur Gleichgiltigkeit gegen den von Aristoteles geltend gemachten Unterschied zwischen Kunstdingen und Naturdingen, da diese Unterscheidung jetzt keinen Sinn mehr hat. In seiner „Kritik“ folgte H. in diesem Punkte noch meiner Darstellung, jedenfalls ohne den inneren Grund einzusehen.

Wichtiger als das ist die Lückenhaftigkeit der Inhaltsangabe. Aristoteles beginnt (!) damit, dass die Definition notwendig, das καθόλου und das εἶδος umfasst: τοῦ γὰρ καθόλου καὶ τοῦ εἶδος ὁ ὁρισμός. Nach H. schliesst das καθ. das εἶδος bereits in sich (S. 69 = hence it includes reason). Diese Stelle, auf die ich in meiner Erwiderung (S. 411) noch besonders aufmerksam mache, und die H. hier, in gewohnter literarischer Gewissenhaftigkeit, trotzdem unterdrückt, steht im direkten Widerspruch zu 10,11, nach allen Interpretationen.

Sie hat nur einen Sinn, wenn man sie so auffasst, wie in meiner Darstellung: Gegen das in Kap. 10 gewonnene Resultat, dass das καϑ. nicht Ousia und daher nicht zur Definition gehört, rekurriert Aristoteles hier auf den Standpunkt der Physik, der, sozusagen, der Standpunkt des gemeinen Menschenverstands ist. Das aber macht es unmöglich, selbst Fleisch und Knochen von der Definition des Menschen auszuschliessen, und führte die Eklektiker zu deren oben dargelegtem extremem Standpunkt (1—5). Das würde aber zur Negierung der Vielheit der Formen führen (6, diese Aufklärung in m. Erw. hat sich H. nunmehr angeeignet, ohne seinen Vorwurf zurückzunehmen!). Aristoteles bringt nun nochmals die Aporie in Evidenz (sie besteht also noch!): Man kann von der Hyle nicht absehen. Denn auch der Vergleich des jüngeren Sokrates, der von Mensch in abstracto ebenso sprechen will, wie man von „Tier" in abstracto spricht, hilft nichts: Wenn ich von Mensch (oder einem anderen Artprinzip) in abstracto spreche, dann erwecke ich die Vorstellung, dass „Mensch" ohne die ihm eigenen Stoffteile ebenso existieren kann, wie ein Kreis ohne Erz (aber in einem andern Stoffe). Das ist aber nicht gleich (Aristoteles hält also auch jetzt noch an dem Unterschied fest!). Denn ein Tier ist ein sinnliches Ding, dass ohne Bewegungskapazität nicht definiert werden kann, es muss also Teile haben. Wenn ich z. B., von der Hand als Teil des Menschen spreche, so spreche ich von einer solchen, die eine Arbeit verrichten kann, d. h. mit dem Seelenprinzip begabt (ὥστε ἔμψυχος οὖσα). „Mensch" schliesst also notwendig Lebensprinzip in sich ein, weil Fleisch und Knochen nur im Lebensprinzip dargestellt sind (6). In meiner Erwiderung stellte ich fest, dass H. in seiner Unwissenheit von Fleisch und Knochen unabhängig vom „Lebensprinzip" spricht (und in welch vulgär-höhnischer Rede, S. 470: not Lebensprinzip, that is another story!). H. begegnet nun dieser Stelle mit den leeren und unsinnigen Worten (S. 76): he is arguing still against these Platonist who believe in the existence of the Idea apart from matter. Welche Konfusion! Die oben erwähnten Eklektiker haben die Ideenlehre aufgegeben und alles auf eine Form zurückgeführt. H. hat das im vorangehenden Satze selbst gesagt. Aristoteles polemisiert hier ferner nicht gegen die Eklektiker, sondern gegen eine bestimmte Aeusserung des jüngeren Sokrates und begegnet dieser mit dem Einwand, dies könnte zu der falschen Annahme von der Möglichkeit der Existenz des blossen Prinzips Mensch für sich führen. Es ist nicht gesagt, dass der jüngere Sokrates das behauptet (nach der Ideenlehre existiert die Idee Mensch für sich einschliesslich aller niederen Prinzipien; s. Kap. 14,1). Die Hauptsache aber ist: Was liegt denn daran, dass dies in einer Polemik gesagt ist? Aristoteles sagt hier ausdrücklich, dass Fleisch und Knochen als Teile des Menschen notwendig das Lebensprinzip darstellen. Wenn nun H. schliesst: It will now be clear, I hope, that in ch. 11 Aristotle does not speak directly of Lebensprinzip at all etc. so ist das einfach unqualifizierbare Vermessenheit. Was heisst „directly"? — das ist hier ein leeres Wort, mit dem sich konfuse Unwissenheit vergeblich aus dem Netze zu ziehen sucht. — Nach einer Erwägung, dass man auch bei mathematischen (geometrischen) Gebilden, wenn auch nicht von einem, alle unteren Prinzipien einschliessenden καθόλου, doch von Teilen der (gedachten) Hyle sprechen könnte (7), fährt Aristoteles fort: Aus dem gesagten [nämlich, dass der Mensch in lebendigem Fleische dargestellt sein muss] ist aber auch klar, dass zwar die Seele die erste Ousia, während der Körper die Hyle ist, dass aber der Mensch oder das Tier das aus Beiden als καθόλου ist [d. h. dass man also die Hyle ohne das Lebensprinzip nicht ausscheiden kann, da ja, nach § 6, der Mensch nur in lebendiger Masse erscheint, und, nach § 1, nicht nur das εἶδος, sondern auch das καθ. zur Definition gehört]. Spricht man aber von Sokrates, ale einem bestimmten, menschlichen Individuum, dann kommt es darauf an, in welchem Sinne man das meint. Spricht man von der Seele (ohne nähere Bestimmung), dann hat das einen zweideutigen Sinn: Manche nämlich verstehen darunter die Seele (ohne Körper), andere das ganze Individuum. Sagt man aber diese Seele da (des Sokrates schlechthin, d. h. unter Ausschliessung des εἶδος) und dieser Körper da, dann meint man damit gleicherweise das Individuum, wie das Allgemeine (8). Die zweite Hälfte von § 8 ist eine weitergehende Orientierung für die erste Hälfte. Wenn nämlich bezüglich Sokrates vom εἶδος abgesehen wird, so ist das eben „der Mensch oder das Tier" der ersten Hälfte. Da sagt Aristoteles, dass wir es bei diesem Ausdruck stets mit dem καθ. zu tun haben, hier in der zweiten Hälfte sehen wir den Grund dafür: In dem Falle nämlich, wo die Ausdrücke „der Mensch" und „das Tier" für einander stehen, d. h. wenn ich von εἶδος absehe, gibt es keinen Unterschied zwischen der Seele des Menschen und der eines anderen Tieres, somit auch keinen Unterschied zwischen dem καθ. und dem Einzelding: Ich denke bei beiden an dasselbe: an die mit Lebensprinzip begabte Masse als Erscheinungsmedium für das εἶδος, das Artprinzip. — H. zitiert nun die erste Hälfte von § 8 und wirft sie in ganz konfuser Weise mit der zweiten Hälfte durcheinander (ohne eine zusammenhängende Interpretation der Stelle zu wagen), um den freundlichen Leser zu überzeugen that in both these passages (in dieser und in 10, 10.11) Aristotle speaks of the soul, including the „Lebensprinzip“ as the οὐσία of ἄνθρωπος as well as of ζῷον, whether taken in the concrete or in the general sense. Cf. l. 9, ὥσπερ τὸ καθ. κτλ. (S. 75). Als ob das die Frage für Kapitel 11 war! Die Frage war, ob Aristoteles meint, dass Fleisch und Knochen deshalb nicht als zum Stoff gehörig aus der Definition ausgeschlossen werden können, weil sie das Substrat des Lebensprinzips bilden und zusammen mit diesem das Erscheinen des εἶδος bedingen. Das aber steht hier klar ausgedrückt. Ist dieser Satz ja die direkte Fortsetzung von § 6 (§ 7 ist gleichsam eine Fussnote), mit dem sich H. am Ende seiner Tiraden vergeblich abmüht. Und dann: es ist nicht wahr. Weder in der ersten Hälfte des § 8, noch in den letzten (von H. zitierten) Worten desselben erscheint die Seele als including the „Lebensprinzip“. Das würde heissen, εἶδος und Genus zusammen, aber wir haben gesehen, dass in beiden Fällen von dem εἶδος abgesehen wird, das „Lebensprinzip“ ist das höchste Prinzip, somit „die Seele“, und Aristoteles sagt hier, dass man sie von Fleisch und Knochen nicht trennen kann. H. zitiert Alexander zur Stelle, aber er hat die Stelle nicht verstanden. Alexander sagt ebenfalls, dass es sich um die Seele ausschliesslich des εἶδος handelt. Und dann, was soll denn das beweisen? Zugegeben, Aristotoles sagt hier, dass das Lebensprinzip zur Ousia gehört, d. h. zusammen mit dem εἶδος die Ousia bildet (in der Bezeichnung des Individuums als „Seele“ ohne nähere Bestimmung ist das auch tatsächlich ausgedrückt: erste Alternative der ersten Eventualität), was beweisst das? Nichts anderes als dass Aristoteles das Resultat des Kap. 10 hier angreift, wie ich das in meiner Darstellung (s. oben Inhaltsangabe) ausgeführt habe. H. will durch diese Stelle beweisen, dass der Unterschied zwischen „Tier“ im Allgemeinen und der bestimmten Art in Kap. 10 nicht existiert. Wir haben aber in einer zusammenhängenden Interpretation unserer Stelle gesehen, dass Aristoteles auch hier auf diese Unterscheidung Bezug nimmt, nur im entgegengesetzten Sinne, d. h. er greift den Standpunkt in Kap. 10 durch besagte Aporie an. Es ist also nicht wahr, dass die beiden Stellen mit einander übereinstimmen. Nein, unsere Stelle zieht das Resultat von 10, 10.11 in Zweifel. Oder will H. sagen, dass sie nach der Gegeninterpretation übereinstimmen? Das würde nichts beweisen, wenn es wahr wäre, da diese Interpretation aus anderen Gründen falsch ist. Dann aber kann ich nicht zugeben, dass die Gegeninterpretation in der Lage ist, diese Stelle mit 10, 10. 11 zu harmonisieren. In der Tat, zu den vielen anderen kommt auch der Widerspruch zwischen den Stellen in Kap. 10 zu denen in Kap. 11 als Argument gegen die Gegeninterpretation hinzu. Auf den Widerspruch zu 11,1 ist bereits hingewiesen worden. Nach H.'s Interpretation (S. 69, Abs.) sagt Aristoteles in 10.10: ἄνθρωπος καθόλου . . . is not οὐσία, in 11,8 hingegen (nach der oben zitierten Stelle von S. 75) das genaue Gegenteil: dass auch ἄνθρωπος καθ. οὐσία ist. Nebenbei: für 10, 10.11 zitiert H. keine Autoritäten. Warum? — Steht es so schlecht darum?

Aristoteles fährt fort: Ob es nun ausser der Hyle noch irgend eine andere Ousia dieser Art gibt, sodass man sich noch nach einer anderen Ousia umsehen müsste, wie etwa Zahlen oder dergleichen, wird später zu untersuchen sein. Ist es ja um dessentwillen, dass wir über die sinnlichen Ousias Untersuchungen anstellen, insofern die Spekulation über sinnliche Ousias eine Aufgabe der Physik und der zweiten Wissenschaft ist, indem der Physiker nicht nur die Hyle, sondern auch, ja in noch höherem Masse die Begriffssubstanz erkennen muss (9). Was soll das alles heissen? Hier, nachdem schon unzählige Male gesagt worden ist, dass das τηε, das εἶδος, oder (nach H.): die Seele als Ganzes (8), die erste Ousia ist, gegen die Hyle, die samt allen ihr zukommenden Teilen (Kap. 10 nach H. auch 11) davon ausgeschlossen worden ist — hier weiss Aristoteles noch nicht, ob es ausser der Hyle noch eine andere Ousia gibt! Und was soll hier der Hinweis auf die Aufgabe der Physik? Das ist bereits am Eingang der eigentlichen Untersuchung der Metaphysik geschehen (V,1), jedenfalls ist es hier ganz deplaziert. Und wo führt Aristoteles die versprochene Untersuchung durch? Nach meiner Interpretation ist das alles in Ordnung: Aristoteles hat in Kap. 11 den bis VI,10 erreichten besonderen Standpunkt der Metaphysik durch die Aporie angegriffen, deshalb ist eine neue Untersuchung darüber notwendig. Im folgenden (§ 10) sagt Aristoteles, dass darüber, wie man, zum Zwecke der Definition, die Teile eines Begriffs bestimmt, und warum dieser trotz der Teilbarkeit doch noch eine Einheit ist, muss erst Untersuchung angestellt werden. Nach H. ist der erste Teil dieser Aufgabe bereits in Kap. 11 erledigt, und der andere überhaupt überflüssig. Nach meiner Interpretation ist das in Ordnung, die Einteilungsregel von Kap. 10 ist durch die

Aporie in 11 erschüttert, und muss, ebenso wie der ganze Standpunkt der Metaphysik, unter einem neuen Gesichtspunkt formuliert werden. Das tut denn auch Aristoteles in den folgenden Kapiteln:

Kap. 12 behandelt die Einteilungs- und Einheitsfrage, damit wird der Standpunkt der Metaphysik wieder aufgenommen und aufs neue begründet (Kap. 13—16), um in Kap. 17 die im ersten Satze von 11,9 angekündigte Untersuchung über jene Ousia auszuführen, die es ausser der Hyle-Ousia noch gibt: Die Hyle-Ousiai sind alle jene, die nicht die Ursache der höchsten Vervollkommnung sind, obschon sie die unteren Prinzipien enthalten (ganz im Sinne von 10, 11!), während die Ursache der höchsten Vollkommenheit eben die neue gesuchte Ousia ist. Natürlich ist diese Ousia nicht ganz neu eingeführt, sie ist uns schon von VI, 3 bis VI, 10 als das εἶδος bekannt, aber sie ist insofern neu, als wir sie jetzt von den an der letzten Hyle haftenden Formprinzipien unterscheiden können. Die Aporie in Kap. 11: Das εἶδος kann nicht ohne die lebendige Masse erscheinen, wird dahin beantwortet, dass die Frage des Erscheinenkönnens nicht massgebend ist. Für den Inhalt der Definition entscheidend ist die Eigenschaft des — höchste Ursache-Seins. — Auf § 9 des Kap. 11 habe ich in Darstellung (m. B. S. 341—43) und Erwiderung (S. 414) besonders aufmerksam gemacht. H. hat mich in seiner „Kritik" diesbezüglich aus Unwissenheit angegriffen, hier schweigt er diese Stelle tot: in gewohnter Tapferkeit und literarischer Gewissenhaftigkeit.

Bevor er weiter geht stellt Aristoteles das Ergebnis der bisherigen Untersuchung zusammen (s. m. B. S. 341—343) und auch hier sagt er: Denn die Ousia ist das εἶδος, das innewohnt, aus dem und der Hyle die Gesamt-Ousia (das Synolon) besteht. εἶδος muss hier, wie in der ganzen Metaphysik (im Sinne von VI, 3, 1), als dem καθ. und dem γένος entgegengesetzt verstanden werden, das Lebensprinzip gehört somit zur Hyle: Die eigentliche Definition soll nur das εἶδος enthalten, die Hyle mit allen unteren Prinzipien gehört nicht in die Definition, weil alles, was in die Erscheinung tritt, in einem bestimmten εἶδος erscheinen muss. In diesen Sätzen fasst Aristoteles die Resultate zusammen, „die er, trotz der vorläufigen Schwierigkeit als die Kernlehren der peripatetischen Metaphysik festhalten will" (m. B. S. 343—344). Diese Stellen, in denen, ebenso wie in VI, 3, 2 u. 4, 7, deren Resumé sie sind, Aristoteles das Genus ausdrücklich aus der Definition ausschliesst, unterdrückt H., um an 11, 8 herumzusophistizieren, wo das weniger deutlich der Fall ist.

38. In dieser Nummer gibt es zwei Fragen. Ob H. die Stelle in Aristoteles und meine Darstellung verstanden und wie er sie kritisiert hat? 2. Was kommt dabei für die Frage der Ausschliessung des Genus aus der Definition heraus?

Zur ersten Frage: Wenn H. beweisen will, dass ich in dem von ihm zitierten Satze über den letzten Unterschied nicht nur den Inhalt von 1—3, sondern auch von 4 ff. excerpiere, so ist sein Versuch kläglich gescheitert. Daraus, dass ich zuerst auf 1—3 und dann auf 3—9 verweise, folgt das Gegenteil von dem, was H. beweisen will, nämlich, dass das Wort „dann“ sich nicht auf die auf 3 folgende Stelle, sondern auf die vorher erwähnte Frage bezieht, da ich ja nochmals auf 3 verweise, ich habe somit dessen Inhalt noch nicht erledigt. Wenn er ferner den Nachweis versucht, dass in meiner Inhaltsangabe von 1—3 sich Reminiszenzen an 4 ff. finden, so habe ich ja selbst in m. Erw. darauf hingewiesen, dass ich die weiteren Paragraphen, obschon ich deren eigentlichen Inhalt (nämlich, dass das Genus zur Hyle gehört und daher aus der Definition auszuschliesen ist) nicht excerpiert habe (weil ich sie, nach Arist. eigenen Bemerkungen, für blos sprachliche Spekulation halte), sie nicht destoweniger als Parallelstellen zur Erklärung der Stelle 1—3 herangezogen habe. Warum sollte ich denn das nicht? H. sagt (S. 78): The term „last difference“ does not occur in paragraph 3, aber die Frage ist doch blos, ob dies in § 3 gemeint ist, oder nicht. Oder will H. wirklich sagen, dass dies in 3 nicht so gemeint ist? Der Schlusssatz von § 3 lautet: Ueberhaupt ist kein Unterschied, ob man alle oder nur wenige Merkmale aufnimmt. Es genügen zwei: ζῶον δίπουν, ersteres Genus, letzteres als (letzter) Unterschied. Wenn H. auf dem Terminus beharrt, dann kann er nicht sagen, dass er in 5 vorkommt, denn er kommt erst in 7 vor. H. sieht, dass er sich kläglich verrannt hat, aber er weiss Rat, er wechselt den Gegenstand der Kontroverse: In seiner „Kritik“ sagte er (S. 470): Arist. sagt nicht, dass der leichteste Weg, den letzten Unterschied zu finden, is by enumerating the attributes, hier aber sagt er (S. 78): by just enumerating the attributes. Dann verweist er darauf, dass ich S. 345 als Beispiel für die Aufzählung den Satz gebe: „Der Mensch ist ein zweifüssiges, füssiges Lebewesen“ und besteht darauf, dass ich dadurch in der Aufzählung die von Arist. geforderte logische Ordnung verletze und ausserdem noch § 9 benutze. Und das alles wird in triumphierendem Enthusiasmus vorgetragen. Wir wollen dieses neue Argument zunächst meritorisch prüfen: Man glaubt seinen Augen nicht, dass ein Mann, der sich anmasst, über Philosophie zu schreiben, nicht in der Lage ist, den kläglichen Mangel aller propädeutischen Vorbildung wenigstens zu verbergen. Es handelt sich darum, wie man den letzten Unterschied findet, es handelt sich also um einen, der diesen, und somit die ganze logische Ordnung noch nicht kennt. In meinem Satze ist der Anfangsprozess dieses Verfahrens angegeben. Da gibt es keinen anderen Weg als eben nur das reine Aufzählen, die logische Ordnung wird ja eben erst gesucht. Dass nach dem Aufzählen die logische Ordnung hergestellt werden muss, ist selbstverständlich, und ist dies in meinem Buche (S. 344), durch den Hinweis auf Plato's Sophist, wo dieses Verfahren durchgeführt wird (kennt H. dieses Buch aus eigener Anschauung?), ausdrücklich gesagt worden. Besonders deutlich aber in m. Erwiderung S. 415: „den letzten Artbegriff erhält man durch richtige Einteilung;“ S. 418. „. . . sagt Arist., . . . dass alles auf die richtige Einteilung ankommt“; S. 419: „diese Ordnung der Merkmale, welche Plato im Sophist so ernst nimmt.“ Wenn ich nun ein Beispiel für das Aufzählen anführen wollte, so brauchte ich mich an gar keine Ordnung zu halten, im Gegenteil, je weniger Ordnung, desto besser ist der Anfangsprozess illustriert. Und wenn in meinem Beispiel eine gewisse Ordnung herrscht (wie wir gleich sehen werden), so ist das rein zufällig, ebenso wie die Tatsache, dass ich es wahrscheinlich unter dem Einfluss von § 9 gewählt habe. Wenn nun H. mein Beispiel von dem Standpunkt der fertigen, logisch durchgeführten Einteilung, „kritisiert“, so beweist er nur, dass er in der ganzen Sache konfus ist und von den, meiner Darstellung ausdrücklich zugrunde gelegten Ausführungen Plato's niemals etwas gehört hat. H. beweist aber krasse Unwissenheit und klägliche Konfusion auch von seinem eigenen „Standpunkt“ aus. Er verlangt in der Aufzählung logische Ordnung. Nun verstösst denn mein Beispiel gegen die logische Ordnung? Wenn wir vom letzten Unterschied sprechen, so meinen wir (H. soll sich das merken!) nicht das letzte Wort in dem Satze, sondern das höchste, alle früheren voraussetzende Merkmal. Es ist gleichgiltig, ob ich die Merkmale im Progressus oder im Regressus aufzähle, die Forderung ist nur, dass ich die logische Ordnung einhalte. Die Ordnung „zweifüssig, füssig“ ist ebenso in Ordnung, wie „füssig, zweifüssig.“ Dass „zweifüssig“ beim Menschen der letzte Unterschied ist, habe ich doch nicht gesagt, und auch nicht sagen können, da ich ja ein Beispiel für das Aufzählen geben wollte, um den letzten Unterschied eben erst zu finden (dagegen aber sagt das H. oben S. 70: The definition of the form of man is everywhere in Aristotle ζῷον λογικόν or ζῷον δίπουν — das ist natürlich nicht wahr, ersteres nur in Physik-Organon, letzteres nur an Stellen, wo es sich nicht um eine exakte Definition handelt. H. widerspricht sich, konfuser Weise, von Stelle zu Stelle). Ich habe eben zwei Mittelglieder genommen, was bei einem Manne, der die logische Einteilung erst sucht, wohl zumeist der Fall sein wird.

Bleibt also nur der Vorwurf (S. 79): but we are going backwards; mit anderen Worten: H. weiss nicht, dass, solange kein logisches Mittelglied ausgelassen wird (und das ist doch in meinem Beispiel nicht geschehen), der Regressus dieselbe logische Ordnung darstellt, wie der Progressus. Mehr noch, man kann hier kaum die eine Ordnung mehr Progressus nennen als die andere. Die Unwissenheit in diesem Punkte ist um so unverzeihlicher, als Aristoteles hier zum Beweise, dass der letzte Unterschied (das εἶδος) die Ousia darstellt, die Transposition vornimmt, und ich H. noch besonders darauf aufmerksam gemacht, dass dieses Verfahren so selbstverständlich ist, dass man es nicht zu begründen braucht (m. Erw. S. 419, Arg. 2). Soweit zum meritorischen Wert des neuen Arguments. Wenn aber H. dem Leser einreden will, dass er das in seiner „Kritik" sagen wollte (S. 78—79), so ist diese Verdrehung doch zu naiv. Dort handelt es sich um das, was ich in meiner Erwiderung gesagt: Er stellt in Abrede, dass Aristoteles die Aufzählung der Attribute zur Auffindung des letzten Unterschieds empfiehlt, was, ohne nähere Bestimmung, eben die Negierung der Einteilung als Methode bedeutet: er hat den ersten Satz im Zitate aus meinem Buche unterdrückt, um den Leser irrezuführen. Er war nicht in der Lage zu sehen, welchen Teil ich exzerpiert habe; er hat die Stelle 4 ff. nicht verstanden und falsch wiedergegeben. Ich habe auch in meiner Erwiderung nicht gesagt, dass ich 4 ff. nicht benutzt habe, sondern nur, dass ich dessen (das Genus aus der Definition ausschliessenden) Inhalt nicht exzerpiert habe, da er sprachlich(-logischer) Natur ist. Im Gegenteil, ich zitiere Stellen aus 4 ff., um die Wichtigkeit der Einteilung als Verfahren zu belegen (m. B. S. 345,2 u. m. Erw. S. 417 u. 418). Wozu also die Anstrengung, nachzuweisen, dass ich auf Stellen in 4 ff. Bezug nehme, wenn ich das selbst sage? — H.'s Protest gegen meinen Vorwurf, dass er Stellen in den Zitaten aus Aristoteles und anderen und besonders auch aus meinem Buche absichtlich unterdrückt (S. 80), lasse ich nicht gelten. Er hat das in seiner „Kritik" getan, er hat das besonders auch in der hier behandelten Nummer getan, ohne in der Lage gewesen zu sein, dies in seiner Erwiderung zu rechtfertigen, und — er tut das auch in seiner „Erwiderung", wie vielfach nachgewiesen (und wenn ich die hier zitierten Autoren untersuchte, würde sich wohl noch mehr herausstellen). Ich erhalte diese Anklage aufrecht und erhebe sie auch von neuem!

Zur Frage über die Stellung des Genus in der Definition habe ich in meiner Erwiderung darauf hingewiesen, dass selbst innerhalb sprachlicher Spekulation Aristoteles darauf bedacht ist, das Genus aus der Definition auszuschliessen! H. (S. 70—71) zitiert § 3, wo Aristoteles auch das Genus in die Definition einschliesst, aber das tut Aristoteles bloss auf dem Wege zur Entwickelung seines Standpunktes in der Metaphysik: er hat eben die II. Analytik zitiert und ist eben damit beschäftigt, den Standpunkt von Physik-Organon zu modifizieren. Aristoteles entschuldigt dies ausdrücklich (ἔστω γάρ κτλ.). H. sagt, er entschuldigt sich nur für die ungenaue Formulierung, besonders für die Verwendung logischer Prinzipien. Das sagte ich bereits, mein Buch S. 345,1, Aristoteles entschuldigt sich eben für beides, die im Grunde eins sind. H. zitiert nun die von mir zitierte Stelle 4, wo Aristoteles ausdrücklich sagt, dass das Genus zum Stoffe gehört (im Sinne von Kap. 10,11), aber H. macht einen Unterschied zwischen matter und body; er zitiert ferner die von mir zitierte Stelle, dass nur der letzte Unterschied, das Artprinzip, den Inhalt der Definition ausmacht, aber gegen diese ausdrückliche Aeusserung Aristoteles (die H. ebenso wie die vorige in seiner „Kritik" unterdrückt hat!) verweist er auf die ebenfalls von mir zitierten folgenden Stellen, in denen Aristoteles auch die früheren Unterschiede erwähnt, und sagt: as part of the definition in his illustrations, aber das ist falsch — Aristoteles spricht hier nicht von der Definition, sondern illustriert das Verfahren der Einteilung. Und dann, widerspricht sich Aristoteles von Satz zu Satz? Zum Schluss muss H. doch zugeben, dass Aristoteles das Genus aus der Definition ausschliesst, aber er macht einen Unterschied zwischen realiter und verbaliter. Wir haben oben (Nr. 37) gesehen, dass dies, wie die Unterscheidung von matter und body bezüglich der hier in Betracht kommenden Fragen, leere Redensarten sind. Hier sehen wir dies noch deutlicher: Aristoteles nennt sehr oft nichtstoffliche Dinge metaphorisch Hyle und überträgt auf sie die Bestimmungen der Hyle. Wenn nun Aristoteles hier das tut, indem er die früheren Unterschiede Genus und Hyle nennt und sie deshalb von der Definition ausschliesst, so hat diese metaphorische Redensart nur dann einen Sinn, wenn das wirkliche Genus zur wirklichen Hyle gehört und von der wirklichen (eigentlichen) Definition wirklich ausgeschlossen worden ist. Die aus Alexander zitierte Stelle (S. 71) beweist nichts, die aus Bonitz (S. 72) beweist nur, dass er den Widerspruch zwischen den zwei Standpunkten gesehen, ohne eine befriedigende Antwort zu haben: Das Genus kommt an erster Stelle, der letzte Unterschied drückt das Wesen der Sache aus — aber das Gegenteil von dem steht hier in Aristoteles. Er sagt: Wenn (= da nun) das γένος ἁπλῶς nichts weiter ist als die (Summe der) εἴδη des Genus, oder (= was dasselbe ist), wenn (da) es gleichsam eine Hyle ist, . . . so ist es evident, dass die Definition der aus den Artunterschieden bestehende Begriff ist. Aristoteles denkt hier an das Resultat von Kap. 10, dass alles, was zur Hyle gehört, nicht zur Definition gehört. Es ist hier dasselbe γένος ἁπλῶς, wie in 11,8, welche Stelle die negative Parallele zu 10,10.11 (und auf die, von H. unterdrückten Stellen 3,2; 4,7; 11,11f. zurückzuführen) ist. In 11,8 wird 10,10.11 angegriffen, hier, in 12,4 macht Aristoteles den Standpunkt der Metaphysik wieder geltend. Bonitz weiss denn auch, dass seine Antwort unbefriedigend ist (vel certe excusari). Es handelt sich ja auch nicht nur um diese Stelle, sondern, wie wir gesehen haben, um die ganze Metaphysik. Wo räumt denn Aristoteles dem Genus den ersten Platz in der Definition ein (Quum alibi genus potissimum etc.)? Doch nur in Stellen der Physik (der Versuch, dies in Stellen der Metaphysik hineinzulesen, kann in allen Fällen erfolgreich zurückgewiesen werden). Es ist eben unsere Partie, wo Aristoteles diesen Unterschied der beiden Standpunkte selbst markiert, wie ich dies in meiner Darstellung S. 344 und in meiner Erwiderung ausgeführt habe.

H. zitiert auch eine Stelle aus Kap. 13 (S. 70). Schon die Art des Zitierens zeugt vom „guten" Gewissen des Kämpen: Erst eine Stelle aus Kap. 13, dann Stellen aus Kap. 12 (S. 70—72), dann (S. 75—76) 11,8 als sicheren Beweis für seine Ansicht, dann (mit Uebergehung der unbequemen Stelle 11,1) 11,2—5, dann (mit Uebergehung des unbequemen Anfang von 6) wird mit nichtssagenden Redensarten gegen 11,6 zweite Hälfte gekämpft, gegen denselben Satz, dessen Fortsetzung als sicherer Beweis für angeführt worden ist. Diese Scheu vor jedem systematischen Zusammenhang zeichnet die ganze „Erwiderung" aus. In seiner „Kritik" behandelt H. die letzten

21 Nummern rein „philologisch". Er hat sich nun belehren lassen, dass es sich in den meisten Fällen um wichtige systematische Fragen handelt. Da sollte man meinen, dass er meiner systematischen Entwickelung der Darstellung der Metaphysik eine Gegenkonzeption entgegenstellen werde. Statt dessen gibt sich H. alle Mühe, den von mir verfolgten systematischen Gang der Untersuchung soviel als möglich zu verwischen, reisst die Stellen aus dem Zusammenhang und wirft sie wild durcheinander, um sie das Gegenteil von dem sagen zu lassen, was Aristoteles in Wirklichkeit beabsichtigt hat. Das gilt besonders von der Stelle in Kap. 13, von der H. sagt, (S. 70): Aristotle still thinks of the genus as forming part of the definition, wozu er 13,6 zitiert. Wir wollen nun sehen: Kap. 13 beginnt Aristoteles mit der Erklärung, dass er auf den Anfang der Untersuchung zurückgreifen muss und fängt in der Tat ebenso an, wie in Kap. 3, mit dem Unterschied, dass er hier nur von Hyle, τῆε und καθόλου spricht, während er vom Genus nicht spricht. Was bedeutet das alles? Nach meiner Interpretation geschieht das infolge der Aporie von Kap. 11 und der Identifikation von καθ. und γένος in 10, 10.11. H. nun, der oben (S. 69) diese Identifikation in Abrede stellt, zeigt wieder grosse Konfusion, wenn er hier auf Grund eben dieser Identifikation argumentiert. Die von ihm angeführte Stelle besagt aber auch das Gegenteil von dem, was er beweisen will. Wenn er die Stelle so versteht, dass das καθ. zum Logos gehört, dann darf er Logos nicht mit Definition identifizieren, weil Aristoteles in Kap. 4 u. 5 ausdrücklich sagt, dass was nicht Ousia ist, auch nicht zur Definition gehört. H. sagt even if not in itself οὐσία, d. h. Aristoteles behaupte blos, dass das γένος nicht die alleinige Ousia ausmacht, während er zugebe, dass es ein Teil der Ousïa ist (s. S. 69). Aber das ist falsch. In § 10 wirft Aristoteles die Aporie auf, dass durch die Ausschliessung des γένος der Logos ein „unzusammengesetztes" (ἀσύνθετον) wird, was nicht der Fall wäre, wenn das καθ. ein Teil der Ousia bliebe. Nach seiner Interpretation der Stelle konnte H. das λόγος in 6 nur im weiteren Sinne nehmen (siehe die ausdrückliche Unterscheidung in 15,1), in welchem es eben nicht mit der Definition identifiziert werden kann. Ich halte aber auch diese Interpretation für falsch, nach meiner Interpretation besagt die Stelle nicht, dass das καθόλου zum λόγος gehört, doch braucht nach dem gesagten nicht darauf eingegangen zu werden. Die Falschheit der Gegeninterpretation ergibt auch Kap. 14: Aristoteles nimmt hier den Kampf gegen die Ideenlehre auf, die (nicht, wie H. es oft,

konfuser Weise, hat, die Existenz des καθ., oder das Gattungsprinzip für sich, sondern) die Existenz des Art- und Gattungsprinzip zusammen in der Idee behauptet (§ 1: . . . καὶ ἅμα τὸ εἶδος ἐκ τοῦ γένους ποιοῦσι καὶ τῶν διαφορῶν): Alles, was in Kap. 13 vom καθόλου gesagt worden ist, wird hier aufs Genus übertragen (natürlich auf Grund von 10, 10.11). In meiner Darstellung (S. 345) gebe ich als den Hauptinhalt der Kap. 13—16 dahin an, dass Aristoteles hier „noch mehrere Beweise dafür erbringt, dass das Allgemeine und das Gattungsprinzip nicht zur Form gehören". Wenigstens inbezug auf 14—16 lässt dies H. ganz unwidersprochen, das wäre auch sehr schwer, daher — Schweigen. Kap. 17 leitet Aristoteles mit der Bemerkung ein, dass er gleichsam von vorne wieder anfangen will. Warum? Nach unserer Interpretation ist das durch die in Kap. 11 entwickelte und 13,10 (durch den Gedanken, dass durch die Ausschliessung der niederen Prinzipien die Ousia ein absolut einfacher Begriff wird) zugespitzte Aporie gerechtfertigt: Dieses Kapitel bringt die Lösung dieser Aporie, indem sie auf das Wesen des Artprinzips hinweist: Das Artprinzip ist die Ursache der höchsten Veränderung, der Begriff Ursache aber enthält in sich eo ipso den Hinweis auf alle niederen Prinzipien (siehe die Ausführung in meiner Darstellung S. 345—348 und die Anmerkung S. 349—350). H. lässt dieses Kapitel, sowie das wichtige in meiner Darstellung durch die ganze vorhergehende Diskussion beleuchtete Kap. VII, 6 ganz unangefochten!

39. Ich muss auch bei dieser unwichtigen Stelle an meiner Interpretation festhalten: Der Vorschlag H.'s, ποιεῖ auf Kunstdinge und γεννᾷ auf Naturdinge zu beziehen, mutet zwar akzeptabel an, ist es aber nicht. Dieser Gegensatz könnte nur dann durch δὲ ausgedrückt werden, wenn dieser Sprachgebrauch feststünde. Das ist aber durchaus nicht der Fall; im Gegenteil, Aristoteles gebraucht von Naturdingen, sowie Kunstdingen, beides, vgl. die Stellen in Nr. 21, 36 und 41. Auch ist nicht einzusehen, warum das Kunstding τόδε, während das Naturding τὸ ἐκ τούτων genannt werden soll. Ein Naturding ist gewiss mehr τόδε, als ein Kunstding. Aristoteles gebraucht sonst gleichmässig beides von beiden.

40. H. triumphiert in langen Tiraden (S. 81—84), ich kann aber diese Frage kurz erledigen: Ich halte meine grammatischen Bemerkungen aufrecht. Die Eventualität, dass γίγνονται mit „sein" übersetzt wird, zog ich gar nicht in Erwägung und halte sie auch jetzt noch, trotz Alexander und Bonitz, für falsch. H.'s Uebersetzung,

soweit sie aus seinen Worten: that the same thing may come from etc. zu ersehen ist, ist jedenfalls nicht die Alexanders und Bonitz', die von meinen grammatischen Bemerkungen gar nicht betroffen werden. Es ist einfach eine unverschämte Irreführung des Lesers: Ich sage: das andere Element des Satzes . . . . kann also keineswegs als Prädikat aufgefasst werden" — das tut weder Alexander, noch Bonitz. H. hat kein Recht, sich mit Alexander und Bonitz zu identifizieren. Die aus seinen Worten sich ergebende Uebersetzung ist eben eine solche — ich wiederhole — für die ein Tertianer gewiss sitzen bleiben müsste. H. kann umsoweniger auf Glauben rechnen, dass er die Uebersetzung γίγνομαι = ich bin beabsichtigt hat, als ich (m. Erw. S. 410) nachgewiesen habe, dass H. diese Bedeutung von γίγνομαι gar nicht kannte! Gegen Alexander und Bonitz habe ich zwei Einwendungen: 1. γίγνονται kann hier nicht im Sinne von εἰσι übersetzt werden (vgl. die Betonung des Unterschiedes an vielen Stellen bei Plato). Wenn H. hier meine Aeusserung (m. Erw. S. 410) zitiert: „γίγνομαι heisst beides", so ist dagegen zu sagen, dass γίγνομαι nur dann für „sein" steht, wenn dieses „sein" „das Ergebnis des Werdens" ist (ibid.), in welchem Zustand das Gewordene beharrt, hier aber handelt es sich nicht um das Ergebnis, sondern im Gegenteil um den nicht gewordenen Ursprung und um Mittelglieder, die, um die Hyle des endgiltig gewordenen zu werden, ihren jeweilig erreichten Zustand aufgeben müssen. Bonitz fühlte auch die Schwierigkeit, sucht daher das γίγν. nachzuahmen: „ergeben sich" — wenn aber Bonitz wirklich das sagen will, was Alexander sagt, dann müsste man das „ergeben sich" logisch auffassen, was eben keine Uebersetzung von γίγνομαι ist. Der Einwand, dass Aristoteles sonst γίγν. ἐκ sagt, wiegt nicht viel, der Gen. poss. ist nach meiner Uebersetzung eben so gut angebracht, wie nach Alexander und Bonitz, was man von ihrer Uebersetzung von γίγν. nicht sagen kann. Dass Aristoteles sonst das werdende Ding nicht ὕλη nennt, ist einfach, weil er es nicht von diesem Standpunkt betrachtet. Hier will er eben von den Mitteldingen in deren Eigenschaft als Hyle sprechen. 2. Der Kontext erfordert meine Uebersetzung, und nicht die Gegenübersetzung. Das habe ich bereits in m. Erwiderung zur Genüge nachgewiesen. Es genügt darauf hinzuweisen, dass nach Bonitz ἴσως non dubitantis est, sed modeste asseverantis. Das bestreite ich, das ισως hat vielmehr den Sinn, dass Aristoteles hier eben das Problem des Werdens vom Standpunkt der Metaphysik neu aufnimmt. Es ist keine late hour (S. 83), da es sich um eine neue Untersuchung, von einem neu gewonnenen Standpunkt aus, handelt, wie ich dies in meiner Darstellung (S. 349—369) zur Genüge klar und einleuchtend gemacht habe. Für die Gegeninterpretation ist hier nicht nur für die Lehre von der Urhyle, sondern für die ganze Untersuchung zu spät nicht nur, sondern überhaupt kein Platz. Diese Fragen gehören in die Physik, wo sie bereits behandelt worden sind. Das gilt besonders von Kap. 5, wo Aristoteles die Frage behandelt, wie sich die Hyle zu den Gegensatzpaaren verhält (s. Nr. 20). Das gilt von der ganzen Untersuchung der Metaphysik, von der ganzen Existenz der „ersten Wissenschaft". Was wird hier behandelt, das in Organon-Physik, in der „zweiten Wissenschaft", nicht behandelt worden ist? A propos: Den unverdienten Effekt in Bezug auf meine grammatische Bemerkung hat H. dadurch erzielt, dass er diese Bemerkung hinterhältiger Weise, unterdrückt hat. Hätte er sie zitiert, so hätte er es nicht wagen können, meine Bemerkung auf die Uebersetzung Alexanders und Bonitz' zu beziehen.

41. Wozu H. hier (S. 85—86) Worte macht? Er gibt in der Hauptsache nach, die Uebersetzung Bonitz' deckt sich mit meiner Interpretation in der Darstellung und der ihr zu Grunde liegenden Uebersetzung in der Erwiderung. Er sagt, dass ich aus beiden Fragen eine mache. Was soll das heissen? Die Beantwortung der Einheitsfrage ist bei mir bereits eingeleitet bevor ich den behandelten Satz einführe. Wenn ich dann die zweite Frage mit: „Was sollte denn" einführe, so ist das einfach, weil die Lösung dieser Frage die im vorhergehenden eingeleitete Antwort erklären und ausführen soll. Wozu steht sie sonst hier? H. gibt zu, dass die Fragen „related" sind — wozu also das irreführende Gerede? Es bleibt dabei, H. hat die ganze Sachlage nicht kapiert: Er „behandelt" die Stelle so, als ob die zwei Kugeln, die in actu und die in potentia, gleichzeitig existierten!

Nebenbei: H. sagt hier (S. 85) the efficient cause is in this case an external agent, oben (S. 7 — s. Nr. 10) sagt H., dass dies bei allen, auch bei Naturdingen, der Fall ist!

42. Hier handelt es sich wohl um die frechste Leistung dieser widerlichsten „Arbeit" (S. 85—90). H. muss zugeben, dass ἐπίπεδον potenziell die Definition des Kreises enthält (S. 87 unten), aber er besteht darauf, dass nach meiner Interpretation die volle Definition des Kreises in ἐπ. enthalten ist. Das ist nicht wahr. Nach dem ganzen Zusammenhang der Stelle konnte ich das nicht gemeint

haben. Ich entwickelte allerdings den ganzen Inhalt der Definition und weise aus Stellen in Aristoteles und Euklides nach, dass alle Definitionen von σχ. ἐπ. auf deren Grenzlinien zurückzuführen sind. H. hat darauf keine Antwort und ermüdet den Leser mit einem Spiegelgefecht: Er wechselt einfach den Gegenstand der Kontroverse. H. hat mir nur übelgenommen, dass ich a most extraordinary explanation of ἐπίπεδον gebe, und um dies nachzuweisen Euclid's definition of ἐπίπεδος (!) zitiert. Es ist ein unerhörter, plumper Versuch, den Leser irrezuführen, ihm einreden zu wollen, dass die Frage, ob ἐπίπ. die Definition des Kreises in actu oder in potentia enthält, die Streitfrage war.

Es hat sich, wie ich in meiner Erwiderung nachgewiesen habe, darum gehandelt, dass H. ἐπίεδον und ἐπίπεδος durcheinander geworfen hat, weder Aristoteles noch Euklides (noch die benutzte Uebersetzung), noch mein Buch verstanden hat. Ich habe das nachgewisen, H. bleibt darauf die Antwort schuldig. Statt dessen tut er sehr indigniert. Ich kann ihm nicht helfen: Nicht ein Wort nehme ich von dem zurück, was ich in meiner Erwiderung gesagt habe. Und durch den neuesten Versuch, den Leser durch ein Bravurstück irrezuführen, hat H. nur bewiesen, wie recht ich hatte, wenn ich sagte, dass er nicht wusste, worum es sich hier handelt, und dass er, wenn ich ihm antworte, schon laviren werde. Sich selbst aber übertrifft H. in der Art, wie er hier davon spricht, ich hätte die Autoren nachschlagen sollen, dann aber wieder, in äusserster Konfusion, hinzufügt, dass ich dort nichts gefunden hätte, dann aber wieder, in verzweifelter Vermessenheit, doch eine Stelle aus Alexander zitiert, der genau dasselbe tut, wie ich, nämlich zu den Worten σχ. ἐπ. den Rest der Definition des Kreises (natürlich als in σχ. ἐπ. enthalten) hinzufügt. Dieses Zitat führt H. mit den Worten ein (S. 89): Alexander ad loc. (zu XII, 4,11) supplies the parts which are needed — Ja, tue ich nicht dasselbe? Oder ist meine Ergänzung deshalb schlecht, weil ich erkläre, mit welchem Rechte wir das tun können? Warum hat H. es nicht gewagt, eine von der meinigen abweichenden Erklärung davon zu geben, wie σχ. ἐπ. die Hyle des Kreises ist? Es gibt eben keine: Ich habe meine Erklärung mit Stellen aus Aristoteles und Euklides belegt, von denen H. die meisten nicht kannte, die wenigen aber, die er kannte, so schlecht verstanden hat, wie wir es nicht bei einem mittelmässigen Tertianer vermuten würden: Nach seiner Auffassung in der „Kritik" kommt man von σχ. ἐπ. zum Kreise direkt durch die

Kreisscheibe, weshalb er auf die Stelle in Euklides verwies, die nach seiner jämmerlichen Uebersetzung eine „definition of ἐπίπεδος“ gibt, dass man darunter eine ebene Fläche versteht. Jetzt, nachdem ich in meiner Erwiderung darauf aufmerksam gemacht habe, dass man dazu nur durch die Vermittelung der Linie kommen kann, lässt er seinen früheren „Standpunkt“ (stillschweigend) fallen und sagt, dass ich die volle aktuelle Definition in ἐπίπ. gefunden haben will. In Wahrheit aber war die Kontroverse über den Weg von ἐπ. zur vollen aktuellen Definition: Fläche oder Linie, das war der Streitpunkt. Die Tatsache nun, dass ich einen Weg zur vollen Entwickelung des Kreises suche, besagt ja schon an sich, dass ich in σχ. ἐπ. nur die Definition in potentia gefunden habe. Das sind meine Worte: „Die Bestimmung der Kreisscheibe, der Fläche, als eine der verschiedenen Arten von ἐπίπεδα reicht hier nicht hin. Denn hier handelt es sich um das Verhältnis des Kreises in actu zu einer anderen Figur (oder zu anderen Figuren), die ihn in potentia darstellt (bezw. darstellen). Das ist undurchführbar: es gibt keine Fläche, die als die Kreisscheibe in potentia angesprochen werden könnte. Es müssen daher andere Stellen herangezogen werden, in denen Aristoteles auf die Entstehung und die Prinzipien von ἐπ. und κύκλος eingeht. Handelt es sich doch in unserer Stelle um das Verhältnis des κύκλος in actu zum κύκλος in potentia und um dessen Begriff, also um Entstehungsprinzipien! (folgen die Stellen aus Aristoteles — dann): Das letzte Prinzip des ἐπ. ist somit die Linie usw.“ (m. Erw. S. 424). Noch nie ist mir in der Literatur ein solch verwegener Versuch, der Wahrheit dreist ins Gesicht zu schlagen, begegnet, wie in diesem Falle. Noch widerlicher aber wird diese dreiste Unehrlichkeit, wenn sich H. auf Grund derselben die verächtliche Insinuation erlaubt (S. 89): Strangely enough Neumark omitted the spaced words (in Met. XII, 4,11), which show that σχ. ἐπίπ. requires some more elements to make it a definition of a circle. Das wäre nichtswürdige Unterstellung selbst für den Fall, dass dies das Streitobjekt gewesen wäre. Warum sollte ich denn das κτλ. zitieren? Der zu belegende Satz lautet (S. 424 m. Erw.): „Nach Aristoteles ist das ἐπ., die ebene Fläche in abstracto, das γένος aller verschiedenen Arten von σχημάτων ἐπιπέδων.“ Wozu sollte ich also die Worte κτλ. mitzitieren, ich wollte doch nur das allen Flächen gemeinsame belegen. Wenn ich soweit bin, die besondere Natur des Kreises zu behandeln, zitiere ich doch Rhet. III, 6,1, wo Aristoteles die Definition des vom Kreise dargestellten σχ. ἐπ. nicht nur durch κτλ., sondern ausdrücklich gibt, für meine Behauptung (dass wir auf die Linie zurückgehen müssen). Ferner, H. sagt: omitted the spaced words, der Leser denkt dabei: ich hätte nur diese Worte weggelassen, was die unerhörte Verdächtigung verstecken soll. Ich habe aber in Wahrheit nicht nur die fraglichen sechs, sondern auch die folgenden vierundvierzig, also zusammen fünfzig Worte in der Mitte des Zitats weggelassen. Die fraglichen sechs Worte gehören ebensowenig zur Sache, wie die anderen vierundvierzig, mussten also weggelassen werden. Das, wie gesagt, selbst wenn der Streitpunkt der gewesen wäre, wie ihn H. jetzt formuliert, aber wir haben bereits gesehen, dass das eine bewusste Unwahrheit ist, mit deren Hilfe vermessene Unwissenheit sich der Verantwortlichkeit zu entziehen sucht. Er fragt, wozu ich Rhet. zitiere (S. 87), die Definition des Kreises steht in jedem Schulbuch, um dann zu sagen, dass diese Stelle für ihn spricht, indem Aristoteles zu σχ. ἐπ. noch den Rest hinzufügt. Das alles unter der Voraussetzung, dass die Aufstellung einer „weissen — Unwahrheit" (wie man auf Englisch sagt) schon genügt, um die Wahrheit zu verdrängen. Das Zitat war nötig, um zu beweisen, dass man von σχ. ἐπ. zur vollständigen Definition des Kreises durch die Linie, nicht durch die Fläche, gelangt, wie H. in seiner Unwissenheit geglaubt hat. Es genügt also nicht, das Wort „bleibt" wieder anzuführen (S. 89), der ganze, in der „Kritik" unterdrückte Satz muss wiedergegeben werden, der Satz, der die Linie als die Vermittelung von σχ. ἐπ. zur vollen Entwickelung des Kreises anspricht. Dieser Satz zeigt unzweideutig, dass H. jetzt eine bewusste Unwahrheit vorbringt. Das sind meine Worte (m. B. S. 365,1): „Wenn wir uns eine Linie in der Grösse der Peripherie des fraglichen Kreises denken, so haben wir bereits die Liniengestalt, aus der eben verschiedene Figuren werden können. Die Liniengestalt ist somit die Hyle des Kreises, der Kreis dem Vermögen nach. Erst wenn sich die Linie krümmt und dabei eben bleibt, das heisst, sich in eine Linie schliesst, an der jeder Punkt von einem gegebenen Punkte innerhalb der Umschliessung gleich weit entfernt ist, entsteht der Kreis der Wirklichkeit nach." Es ist hier also viel zu ausdrücklich und klar gesagt, dass σχ. ἐπ. die Definition verschiedener Figuren ist und den Kreis nur potenziell (dem Vermögen nach) darstellt, als dass man für H. die für ihn sonst so nahe liegende Entschuldigung geltend machen könnte, dass ihm diese Verdrehung aus Unwissenheit und Konfusion passiert ist. Wenn daher H. ferner (S. 87) sagt, dass mir der technische Gebrauch von σχ. ἐπ. nicht bekannt war, so ist das eine bewusste „weisse L-egende.“ σχ. ἐπ. hat keine andere technische Bedeutung, als die, welche ich angegeben habe, nämlich dass sie verschiedenen Gebilden gemeinsam ist. Warum wagt es H. nicht zu sagen, was denn eigentlich die technische Bedeutung von σχ. ἐπ. ist? H. hat die Vermessenheit (S. 88 oben), meine Ausführungen in dieser Nummer „argument“ zu nennen und zu sagen, dass sie „the most irrelevant and absurd bit of writing“ sind, die er jemals zu lesen den Vorzug hatte. Man kann so was sagen, und ich habe es von H.'s Ausführungen oft gesagt. Der Unterschied ist blos der: Ich habe in allen Fällen, wo ich das sage, ausführlich nachgewiesen, dass H.'s Ausführungen die Folge von Unwissenheit und Konfusion sind, während H. hier ebensowenig wie in Nr. 18 und sonst auch nur den Versuch dazu unternimmt. H. unterdrückt den entscheidenden Satz, der genau das Gegenteil von dem besagt, was er mir zuschreibt und gegen das er ein Spiegelgefecht führt. Unter solchen Umständen sind solche Aeusserungen nichts als impertinente Reden eines verzweifelten Mannes, der durch Verletzung des schuldigen Respekts sich nicht nur dem schuldigen Danke für die ihm in diesem „argument“ gewordene Belehrung zu entziehen, sondern auch noch den „Philologen“ und „Mathematiker“ zu spielen versucht, dessen Geduld auf diese Weise auf die Probe gestellt wird. Ich möchte hier den bekannten Ausruf Friedrichs des Grossen anwenden, aber ich will mich beherrschen und mein Argument fortsetzen:

H. weiss nicht einmal, dass der Vorwurf, den er mir zu unrecht macht, seine eigene „Interpretation“ trifft: Wenn der Kreis σχ. ἐπ. wegen der Kreisscheibe genannt wird, dann muss σχ. ἐπ. die volle aktuelle Definition darstellen, da es keinen Weg für die Entstehung der Kreisscheibe aus einer anderen Fläche gibt — was für die Potenzialität der Definition unerlässlich ist. Ich sage aber nicht, dass H. dieser Vorwurf trifft, vielmehr bestärkt mich sein (von mir vorausgesagtes) klägliches Lavieren in seiner „Erwiderung“, dass er überhaupt nicht wusste, was hier vorgeht. Dies in der „Kritik“, hier lässt er aber seine frühere Interpretation und den Hinweis auf Euklides' „definition of ἐπίπεδος“ fallen — er spricht nicht mehr davon. Jetzt verteidigt er (in einem Stadium völliger Verwilderung bezüglich des geistigen Eigentumrechts!) die von mir behauptete Potenzialität der Definition! Am flagrantesten aber ist dieser Versuch, den Leser zu überrumpeln, in der Art, wie H. die, mir (in m. Erw.) allerdings entgangene Stelle de caelo II,4 gegen mich einführt (S. 90). In dieser Stelle erklärt Aristoteles die Bezeichnung σχ. ἐπ. für den Kreis ausdrücklich und genau so, wie ich das in meinen oben zitierten von H. unterdrückten Sätzen getan habe: Das σχ. ἐπ. ist entweder gradlinig oder rundlinig. Das gradlinige wird von mehreren Linien umgrenzt, das rundlinige von einer. Da aber in jedem Genus der Natur nach das Eine früher als die Vielen ist, so ist wohl der Kreis das erste unter den σχ. ἐπίπεδα. Das ist beinahe wörtlich, jedenfalls aber dem Sinne nach, genau dasselbe, was ich sage. Es ist auch sehr wahrscheinlich, dass ich mich in meinem Buch nach dieser Stelle richtete, obschon sie mir in meiner Erwiderung entgangen ist. Diese Stelle ist die Zusammenfassung und die Konsequenz dessen, was in den verschiedenen von mir in der Erwiderung zitierten, auf die Prinzipien zurückgehenden Stellen gesagt ist. Dieses Zitat begleitet H. mit der Bemerkung (S. 90): It is quite clear now that Arist. uses the phrase σχ. ἐπ. in the same sense as Euclid and everybody else. Wieder ein Spiegelgefecht! Als ob ich das jemals bestritten hätte. Das sind meine Worte (m. Erw. S. 427): „Die Definition Euklides vom Kreise als σχ. ἐπ. liest sich wie eine Zusammenfassung von Aristoteles Met. VII, 7,11 etc. (wobei ich noch sechs andere Stellen nenne). Dann: The only conclusion to be drawn then is that in the present passage Aristotle is using a loose description in place of a definition, and all Neumark's casuistry is quite useless: Welche Konfusion, und noch mehr: welche Vermessenheit! Aristoteles kann hier die volle Definition nicht gebrauchen, da er eben nur eine potenzielle Definition geben will. Aristoteles hätte hier allerdings erklären können, wie man aus dieser potenziellen Bezeichnung des Kreises zur aktuellen gelangt, aber er tat es nicht. Es war für den minder eingeweihten Leser, für den ich die Erklärung beigefügt habe. H. war aber auch für diese Erklärung nicht genügend vorbereitet, daher meine weitere Erklärung in der Erwiderung. H. weiss es, dass er das wenige, was er jetzt darüber weiss, meinen Ausführungen verdankt, die er jetzt als casuistry und quite useless bezeichnet. Das heisst doch, in barbarischem Undank Steine in den Brunnen werfen, aus dem man eben erst erfrischendes Wasser getrunken hat!

In der Einleitung zu der eben gekennzeichneten sophistischen Verdrehung der Tatsachen fühlt H. seine Notlage in der Definitionsfrage und sagt gleichsam im Vorbeigehen (S. 86): which (sc. definition) in reality contains the form only, but within which the genus stands to the species in the relation of matter to form, and hence it is a unit. Das steht zunächst im Widerspruch zu dem, was H. oben (S. 71) gesagt: The genus cannot therefore be excluded verbally: Wenn die Definition in reality nur die Form enthält, dann muss sie verbaliter auch die wirkliche Materie umfassen, nach der eben zitierten Stelle (S. 71) aber ist verbaliter nicht nur die wirkliche, sondern auch die metaphorische Materie, das Genus, aus der Definition auszuschliessen. Aber selbst wenn man hier nur Konfusion im Ausdrucke gelten lassen wollte, so muss man doch auch diesen konfusen Kompromiss zurückweisen. In unserem Kapitel, in das H., ohne einen Versuch von Uebersetzung und Interpretation, seinen Widersinn hineintragen will, steht ausdrücklich (6,8: zitiert in Nr. 37 Inhaltsangabe), dass alle niederen Formprinzipien zur wirklichen Materie, zum „letzten Stoffe", zum Körper gehören, dem das reine Artprinzip als die Ursache der obersten Veränderung (VI, 17) gegenübersteht. Warum hat H. nicht die Stelle angegeben, wo das steht, was er hier im Namen Aristoteles sagt? Welches griechische Wort bezeichnet bei Aristoteles „Form" einschliesslich des Genus? εἶδος bei Aristoteles heisst immer Artprinzip ausschliesslich des Genus. Dasselbe gilt von τηε in der eigentlichen Untersuchung der Metaphysik, nachdem das Genus in VI, 3,2 f. ausdrücklich davon ausgeschlossen worden ist; bezüglich καθόλου s. Nr. 37 zu 10,10. 11 und Nr. 38 zu Kap. 13 u. 14, wo es ausdrücklich gesagt ist, dass καθόλου das εἶδος = Artprinzip nicht enthält. Die Einheit der Definition besteht nicht darin, dass die Form das Genus in die Definition einbezieht. Wenn das der Fall wäre, dann hätten wir überhaupt kein Problem, und Aristoteles hätte dieser Frage nicht soviel Raum widmen müssen (VI, 12 —17 u. VII, 1—6). Dieser Standpunkt ist schon in Physik-Organon erreicht worden (H. ist hier aber auch nicht durch die Interpreten gedeckt, da sie den Widerspruch in der Definitionsfrage konstatieren, während H. alles glatt findet). Die Einheit der Definition besteht vielmehr darin, dass die mit allen niederen Prinzipien in actu begabte Materie auch schon das Artprinzip in potentia enthält, indem sie für es vollständig disponiert ist. Es ist daher Unwissenheit oder Irreführung zu sagen, dass § 4 the conclusion of the solution of the ἀπορία bringt. Das geschieht erst in § 8: καὶ τὸ δυνάμει.....ἕν (!) πώς ἐστιν. H. hatte hier diesen Satz unter den Augen, aber, statt sich mit ihm ehrlich auseinanderzusetzen, hat er ihn totgeschwiegen, um dreist dessen Gegenteil zu orakeln.

H. schliesst mit der Versicherung, dass er nichts von seiner „Kritik“ zurücknimmt. Wir aber haben gesehen, dass dies für die wichtigsten systematischen Fragen eine bewusste Unwahrheit ist. In Wahrheit jedoch hat H. alles zurückgenommen, auch jene Vorwürfe gegen meine Darstellung, die er, in seiner heillosen Konfusion von Ja und Nein, noch aufrecht erhalten zu können glaubt. In der Tat: H. hat keine irgendwie belangreiche Behauptung in dieser „Erwiderung“ aufgestellt, von der er nicht, einmal wenigstens, an einer anderen Stelle auch das Gegenteil behauptet! Dann empfiehlt er mir Bescheidenheit und, mit der Tat vorangehend, erteilt er mir, bescheidener Weise, Rat, wie ich meine Schriften einrichten soll! Fürwahr, der Mann hat auf dem von mir bebauten Grunde schon so lange sein Handwerk betrieben, dass er allen Sinn für Distanz verloren hat. Die leiseste Regung von gesundem Menschenverstand hätte H. vor dieser widerlich lächerlichen Anmassung bewahren können!

Ich schliesse: Ich kann H. nicht als wissenschaftlichen Gegner betrachten. Jetzt noch weniger, als früher: Die Pseudoerwiderung H.'s ist das frivole Attentat eines verzweifelten literarischen Freibeuters ohne Wissen und Gewissen auf ehrliche hingebungsvolle wissenschaftliche Arbeit. Ich habe für H. nur einen ernsten Rat: Dieses verächtliche „Geschäft“, so erfolgreich es auch erscheinen mag, einfach aufzugeben und sich ehrlicher Arbeit zu widmen. Der Weg ehrlicher Arbeit ist etwas langwierig, der Erfolg kommt nicht so rasch, aber wenn er kommt, ist er ehrlich verdient und — dauerhaft.

Druck von H. Fleischmann, Breslau, Reuschestr. 62.

FSC
www.fsc.org
MIX
Papier | Fördert
gute Waldnutzung
FSC® C083411

Kolibri 360 GmbH
Ferdinand-Jühlke-Straße 7
99095 Erfurt, Deutschland
produktsicherheit@kolibri360.de